商業簡史

看透商業進化，比別人先看到未來

The Evolution of Business

Reduce the Cost & Increase Network Density

潤米諮詢創始人　劉潤 著

自序

你的前途裡，有你嗎？

親愛的臺灣讀者，很高興我的又一本圖書《商業簡史》來到此處，與你相見。感謝時報文化出版公司，使我能夠再一次透過文字與遠在臺灣的你促膝長談。

問我最多的兩類問題

作為一名商業顧問，我經常遇到兩類問題。

第一類是創業者問的：

「潤總，我將要做的這件事，有前途嗎？」「潤總，這件事，值得做嗎？」「潤總，那件事，能賺錢嗎？」

這類問題，大約占一半。

而我被問到的另一類問題，來自那些我做顧問的、亟需轉型的傳統企業。它們的問題非常複雜，但千言萬語匯成一句話，就是：

「潤總，我正在做的這件事，還有救嗎？」

不管是新型創業公司的「有前途嗎」，還是傳統轉型公司的

「還有救嗎」，我都會回答：你們這些問題全問錯了。

正確的問法不是「我有輝煌的前途嗎」，而是：「在那個註定輝煌的前途裡，有我嗎？」

我的回答

什麼意思？

商業毫不關心你的方向，而你必須關心商業的方向。

順應了方向，一路呼嘯著奔騰入海；否則，你就會成為逆水而上的魚，費盡所有力氣，依然在原地打轉。

企業，是一條魚；商業，是環繞著魚的水。對於水，先知道，再看到，然後順應流向。

《商業簡史》，就是一本寫給魚的，關於水的書。

無論你是創業者、管理者、企業家，還是一個生活在商業世界的普通人，我都希望你能看透我們當下的商業環境，瞭解未來的商業趨勢，把自己像金子一樣寶貴的努力，用對用好。

看懂方向有多重要？我舉個例子。

2019年，有一次我去長沙出差。在一個購物中心，偶遇美妝品牌「完美日記」的門市。

門市很漂亮，東西很便宜，很多人在裡面逛。

一個小姐走過來，對我說：「隨便看，今天掃二維碼加微

信，送一包化妝棉。」

咦，這個有趣。

到門市來買一次口紅，就是一次「交易」。但是消費者一年來不了幾次，怎麼辦？加微信好友。加微信，就是用一次觸點[1]，換無限觸點。

我立刻上網搜，看看他們這麼做的效果如何。你猜，他們就這樣加了多少個微信好友呢？

幾百萬個。

對完美日記來說，開店的核心，不是賣東西，而是加微信。

透過加微信的方式，把自己這個生產節點和消費節點直接連接，繞開購物中心，從而降低交易成本，把一支300元的口紅賣到60元。最終只花了三年時間，就硬生生把自己從零做成一個年收入30億元的大品牌。

而某些傳統大牌，幾十年也沒有做到30億元。

商業進化的方向，到底是什麼？

網路密度愈來愈高，交易成本愈來愈低。

你必須深刻理解這個方向，並順應這個方向，才不辜負你金子一樣寶貴的努力。

1　觸點（Touchpoint）：顧客接觸到商家的每一個點，過程中的溝通與互動。

這本書「新」在哪兒？

2016年，我在得到App（應用程式）上線了《劉潤‧5分鐘商學院｜基礎篇》；2017年，上線了《劉潤‧5分鐘商學院｜實戰篇》。這兩門課都是關於魚的課程，教你成為所有的魚中間，最會游泳的一條，是教你「怎麼做」。

而《商業簡史》是一本關於水的書。這本書，是教你成為所有的魚中間，最懂水的方向的一條。這本書，是教你「做什麼」。

這就是我們常說的：選擇，比努力更重要。透過這本書，我希望你能成為最會選擇、最會順勢而為的那條魚。

如果你學過《5分鐘商學院》，掌握了真刀實槍的打法，請用這本書及時校準自己的方向，避免做無用功。

如果這本書是你讀的第一本商業書，恭喜你，你的商業認知大廈一定會比別人更高、更牢固，因為這本書為你打下的地基會更深、更扎實。

這本書教你什麼？

本書分為七章，圍繞關於商業的五大問題展開：

1. 商業到底是什麼？

這個問題，是一切商業問題的根基，是判定一路狂奔、沒有時間停下來思考的創業者是否在正確賽道上的問題。我會告訴你，貨幣和商人的本質是什麼，所有交易都要克服的兩大難點；我還會為你拆解囊括了所有交易形式的七大類成本，最後幫你看懂商業發展的第一條線索：交易成本。

2. 商業為什麼能進步？

資本、制度、技術，到底是誰在推動著商業的進程？都不是。商業發展的底層推動力，只有一個，是什麼？如果看得不夠透澈，那就像是在渾水裡游泳，暈頭轉向。我會帶你快速縱覽商業發展的全景，抽出第二條透視商業的線索：網路密度。

3. 商業從哪裡來？

不抽象，就無法深入思考。我們拋開傳統視角，從兩條線索「交易成本」和「網路密度」出發，把過去的商業形態重新抽象成「線段型商業」和「中心型商業」，瞭解商業是如何走來的，摸清商業機會在未來迸發的規律。

4. 商業到哪裡去？

所有的歷史，都是未來史。瞭解了商業從哪兒來，我們再順著這兩條線索，看看未來往哪兒去。一路狂奔，我們會看到「去中心型商業」和「全連接型商業」。在那時，哪些機會即將從火

山中噴發？誰已經在我們猶豫的時候，搶跑了半圈？

5. **我們如何順勢而為？**

　　不還原，就看不到本來面目。在一路奔騰入海的道路上，我們如何才能真正順勢而為？如何區分你賺的是紅利、工資，還是利潤？在成為勞動者、中獎者、套利者和取勢者之間，你又要如何選擇？我們如何書寫自己的商業未來史？

一起跳入商業的海洋

　　鳥兒身處天空，而不知什麼是天空；魚兒身處水中，而不知什麼是水；我們身處商業，常常不知什麼是商業。

　　我們常問：

　　我有輝煌的前途嗎？

　　這個問題應該這麼問：

　　在商業那個註定輝煌的前途裡，有我嗎？

　　願你能成為最懂商業的那位創業者、管理者、企業家，或者最懂商業的普通人。願你能順勢而為，在商業那個註定輝煌的前途裡，如魚得水。

　　歡迎你和我一起跳入商業的海洋。

商業簡史

看透商業進化，比別人先看到未來

PART 3

線段型商業，商業世界的第一次進化

PART 4

中心型商業，商業世界的侏羅紀時代

PART 1

商業到底是什麼？

1 商業的本質，是交易

微小的成功靠努力，偶爾的成功靠運氣。而巨大的、持續的成功，一定是依靠對商業本質的深刻洞察和牢牢把握。

你的大米，老王的雞，張阿姨的布

我先跟你講個故事。

你們家是種大米的，一年畝產200斤[2]，差不多夠你們一家人吃。自己種大米，自己吃，這是商業嗎？

顯然不是，這是自給自足的小農經濟。

後來，你開始學習先進的水稻種植方法，年畝產量逐漸提高，400斤，600斤，現在已經1,000斤了。你們家只能吃200斤，剩下的800斤，你分給村裡鄰居、老人吃，或者在祭祀時供奉先人。這是商業嗎？

仍然不是，先進的水稻種植方法，是技術創新。因為技術創新，你變成一個富農了。

米愈來愈多，你開始研究米的花式吃法。除了煮飯，還做成米線、米糊、米糕，甚至做成漿糊，用來把陳年報紙貼在牆上做

---

2   1斤等於 0.5 公斤。

裝飾。你的「產品」開始多元化了。這是商業嗎？

依然不是，產品線的多元化，是產品創新。因為產品創新，你成為一個充滿想像力的富農。

那到底什麼是商業呢？

只有你拿著大米，對隔壁老王說：「老王，我們家大米吃不完，和你換隻雞吧。」老王說：「好啊。」從這一刻開始，你才變成了一個商人。你的大米，從自給自足的產品，變成用來交換的商品。

我們都學過一個基本的經濟學概念：

用於交換的產品，叫作商品。

為什麼？因為在這一刻，你才會面臨商業世界裡經典的4P理論（Product：產品；Price：價格；Promotion：行銷；Place：管道）中，除產品之外的其他3個P。

怎麼交換？

首先，你要定價。

老王說：「好啊，那你用多少大米換我一隻雞呢？」

你說：「用1斤大米換10隻雞。」

老王說：「你怎麼自己不變成雞，飛上天呢？不換。」

為什麼？因為老王覺得便宜了。

什麼叫「便宜」？你一年辛辛苦苦種1,000斤大米。老王一年

13

辛辛苦苦養200隻雞。1斤大米換10隻雞，20斤大米換200隻雞，折算下來，就是你要用一週的勞動成果，換走老王一整年辛苦勞動的全部成果。老王當然不答應。

老王可能並不懂得上面的計算，但是他的腦海中有個聲音，悄悄地告訴他：不划算。

這個聲音就叫「商業」。「商業」算了一筆帳：

如果1斤大米真的可以換10隻雞，老王第二年就不養雞了，也去種大米。他就算種不出1,000斤大米，只種出來500斤，按照1斤大米換10隻雞的換法，也能換回5,000隻雞。這可比自己一年辛辛苦苦才養了200隻雞合算多了。

「商業」立刻制止了老王。因為老王一旦真的同意了，那整個村子裡原本養雞的人，都會去種大米。最後到處都是拿著大米找雞的人，卻一隻雞也找不到。這個「定價」不合理。

「那多少願意換呢？」你問。

老王想了想：「5斤大米換1隻雞。」

這時，你的腦海中也有個聲音悄悄地告訴你：「可以換。」為什麼？你不知道，但是商業知道。5斤大米換1隻雞，1,000斤大米正好換200隻雞。你一年的勞動果實，正好換老王一年的勞動果實，誰也不吃虧。那就用50斤大米換10隻雞吧。

更重要的是，你算了一筆帳。如果你不服氣這個價格，決

定少種50斤大米，用省下來的時間和成本養雞，你能養出10隻雞嗎？多半養不出來。因為你缺乏養雞的經驗，而且沒有規模效應。自己養，還不如用種的大米換。

這就是定價（Price）。

現在，你手裡有了用50斤大米換來的10隻雞，和剩餘的950斤大米。大米你還是吃不完，怎麼辦？你看上了張阿姨家的布、小李家的羊。一個一個上門去換？太麻煩了。

你決定在村口貼一張告示：

我家有上好大米，歡迎用布匹、羊肉、菜籽油來換。

這就是行銷（Promotion）。

很快，你的手裡就有了三尺花布、兩隻羊腿、半缸菜籽油，以及剩餘的700斤大米。附近村子的村民聽到後，也想找你換米。牛村的，有耕地的牛；鐵村的，有菜刀和鐵鍬。他們都想找你換，還想換花布、換羊腿、換菜籽油。那怎麼辦呢？

你想了一個好辦法。要不，我們就約好，每個星期六上午十點，在三個村子的交界點設個攤子。我把大米扛過去，你把牛羊牽過來，他把油和布背過來，一起換。

三村交界點，就是管道（Place）。

太陽下山前，每個人都心滿意足地帶著自己需要的東西回家了。

又是富足的一年。

什麼是商業？

把大米這個「產品」（Product）種出來，不是商業。種得再多，種得再好，都不是商業。因為你不能只吃大米，他不能只吃雞，你們必須交換。只有透過「定價、行銷和管道」等一系列方法、手段、工具進行交換，你們各自豐富多彩的需求，才能彼此得到滿足。

交換，是這一切得以發生的最根本手段。

商人的天命，是促成商品交易

產品、價格、行銷、管道，如果讓你把這四件事歸個類，你會怎麼做？

產品，是單獨一類，我們稱之為「生產」。價格、行銷、管道，這三件事是一類，我們將之統稱為「交易」。價格、行銷、管道的存在，都是為了說明產品完成交易。

亞當·史斯密（Adam Smith）在《國富論》中認為：

商品之間的交換，是自古到今，一切社會、一切民族普遍存在的經濟社會現象。之所以如此，是因為參與交換的各方都期望從中獲得報酬或利益，也就是獲得對自身某種需求的滿足。

這一節，我希望你至少記住三句話。下面是第一句：

商業，不是一門關於生產的學問；商業，是一門關於交換的學問。

那麼問題來了，你覺得，你的財富是透過種大米「生產」出來的，還是透過價格、行銷、管道「交易」出來的？

作為商業的起點，物物交換這件事（比如用大米換雞）的效率很低。因為物物交換需要三個「雙重巧合」：

1. 需求的雙重巧合，雙方手中的物品恰好是對方所需要的。

2. 時間的雙重巧合，雙方恰好都想在某段時期把手中的物品交換出去。不能你想用兩把斧子換人家一隻羊，人家說等半年後羊長大了再換。

3. 數量的雙重巧合，雙方用於交換的物品的價值，恰好都能被對方認可是相等的。

隨著交換的範圍愈來愈大，交換的物品種類愈來愈多，同時滿足這三個雙重巧合的交換就變得非常困難。在這種效率下，你手上可能最終會有500斤大米交換不出去。而你家只能吃掉200斤，於是就有300斤黴變壞掉，最後被扔棄。

如果交易的效率一直都很低，第二年或者第三年，你就會少種300斤大米，反正種出來也是浪費。而此時，張阿姨可能也因為

交易效率太低，少織了10匹布，老王也少養了50隻雞。這時，整個村子的財富總量就下降了。

你看，交易效率降低，整個村子的財富就會減少。反過來說，如果大量的人拿著各種你渴求的東西，吃的喝的用的玩的，來和你交換，你垂涎欲滴，因而可能會日思夜想，明年怎麼改進農藝，才能種出2,000斤大米，把想要的東西都換回來。

「商業」這個詞，和財富緊緊相連。但是，財富到底從哪裡來？財富，是在「交換」的強烈刺激下，用愈來愈高效的「勞動」創造出來的。

這一節，我希望你記住的第二句話，就是：

勞動創造財富，交換激勵創造。

怎麼提高你我的財富總量？很簡單，提高我們之間的交換效率。

物物交換必須依存於三個雙重巧合，效率太低。於是樸實的人類開始尋找能夠不需要「巧合」的交易方式。這種方式，顯而易見，就是把一次物物交換（exchange），拆分為「買」和「賣」兩次交易（transaction）。而這種拆分，必須要有一種「中間形態」的等價物存在。

這種一般等價物，就是貨幣。有了貨幣後，商品的交換，就從以前的「物品物品」，變成了「物品貨幣物品」。

貨幣，是交易的媒介。

從商品到貨幣，叫作「賣」；從貨幣到商品，叫作「買」。貨幣的作用，是透過把價值抽象為價格，把交換切分為買賣，提升交易的效率。

為什麼「把價值抽象為價格」「把交換切分為買賣」，能夠提高交易效率？因為這樣，生產者再也不需要關心誰是消費者，他們只需要把商品換成貨幣。拿到貨幣之後，他們立刻變為消費者。消費者再也不用關心誰是生產者，他們只需要拿錢去換商品。

這不是一本關於貨幣銀行學的書，我在這裡花了些筆墨寫貨幣，是想讓你知道，所謂貨幣的最初價值，就是提高交易的效率。一切能提高交易效率的發明，都是商業進步的推動力。這種推動力，不僅包括「錢」，還包括「人」。

有了貨幣之後，生產者和消費者之間，就出現了一類特殊的人群：商人。

商人，也是交易的媒介。

商人既不生產，也不消費。他們看上去似乎是一個仲介，不創造任何價值，只是從生產者手上把東西買來，然後賣給消費者，「吸血」似的賺取差價。

因此，商人常常被誤解。

　　在中國古代，他們是被歧視的，「士農工商」，「商」排最後。新中國[3]建立後，相當長一段時間，刑法裡還有一個罪名──投機倒把罪[4]。

　　但是，如果沒有商人這個媒介，你拿著大米，不知道去找誰換成貨幣。你沒有「交易的對象」，貨幣不會和你交易。拿著貨幣的商人，才會和你交易。

　　商人有著巨大的價值。他們就像血液裡的紅細胞，把貨幣和商品運送到商業世界毛細血管的最深處。沒有商人，就如同沒有貨幣，產品無法透過交易進入流通市場，生產者的生產力和消費者的需求都會被遏制，整個社會也不可能富有。

　　因為「商人」的出現，「商業」一詞也隨之產生。什麼是商業？

　　商業，就是以買賣的方式促使商品流通的經濟活動。

　　所以，商人又被稱為「買賣人」。商人，連接了「買」與「賣」兩種交易。

　　這一節，我希望你記住的第三句話是：

　　貨幣切分了買賣，商人連接了交易。

　　商業的本質，是交易。商人的天命，是促成商品交易。

3　1949 年中華人民共和國成立後，即以「新中國」自稱。

4　1997 年，中國刑法廢除「投機倒把罪」。2008 年，廢除《投機倒把行政處罰暫行條例》。從此之後，這四個字才徹底從中國的法律體系中消失。

　　所有的交易，都是在兩個（或者更多）交易節點之間完成的。要想完成自己的天命，促成商品交易，商人就必須「修路造橋」，跨越交易節點之間的兩個天塹：

資訊不對稱，信用不傳遞。

2 交易的天塹：信息不對稱，信用不傳遞

馬雲說，阿里巴巴的使命就是「讓天下沒有難做的生意」，那麼，天下的生意為什麼總是難做呢？這一節，我們試著找出答案。

還記得我告訴你的三句話嗎？

1. 商業，不是一門關於生產的學問；商業，是一門關於交換的學問。

2. 勞動創造財富，交換激勵創造。

3. 貨幣切分了買賣，商人連接了交易。

我希望你記住一個結論：

商業的本質，是交易。更先進的商業，就是更高效率的交易。

但是，這世間的萬事萬物相生相剋。有好，就有壞；有黑，就有白；有上帝，就有撒旦；有英雄，就有惡龍。

在商業世界，既然有英雄（比如貨幣和商人）在促進交易，就一定有惡龍在阻礙交易。

這一節，我們就來講講，無時無刻不在想方設法阻礙交易的兩條惡龍：資訊不對稱和信用不傳遞。

什麼是資訊不對稱？

資訊不對稱，就是我知道一些你不知道的事情。（見圖1-1）

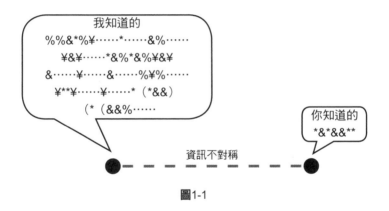

圖1-1

張三到東北的朋友李四家玩，吃到他家自己種的大米做的米飯，驚了，說：「你們家的米怎麼可以這麼好吃啊？哪裡買的？我也去買點。」

李四說：「不是買的，自己家種的。你要是喜歡，就帶點回去吧，都是好朋友，要什麼錢。」

張三說：「不行，那多不好意思，我還想吃完再來呢。你就算個價錢吧，我以後才好開口。」

李四說：「那就5元[5]一斤吧。」

張三說：「好，給我200斤。」

張三回到上海。有一次，王五到他家吃飯，驚了，說：「你們家的米怎麼可以這麼好吃啊？哪裡買的？我也去買。」

注意，關鍵的地方來了。

這時候，張三想：我知道一些你不知道的事情。我知道這個大米是從哪裡、從誰手上、花多少錢買來的，但是你不知道。那我想怎麼說，就可以怎麼說。

張三說：「就不告訴你。你要是想吃，來找我啊，20元一斤。這麼好的米，上海超市要40元呢。」

你看，這時候張三就開始做起了「買賣」。這個買賣的交易結構，是張三從李四手上，用5元的價格買到大米，然後用20元的價格賣給王五。張三作為「中間商」，賺了15元差價。

這15元的差價，張三幾乎（我是說幾乎）沒有為此付出任何勞動；這15元，僅僅是「資訊不對稱」，也就是「我知道一些你不知道的事情」，給張三帶來的收益。這就是利用「資訊不對稱」賺錢。（見圖1-2）

5　本書幣別若無特別註明即為人民幣。

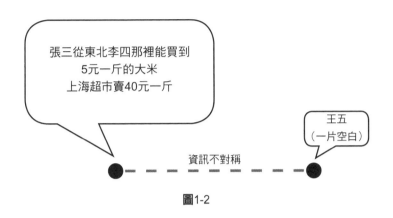

圖1-2

在資訊不對稱的時候，掌握有效資訊更多的一方，常常具有相對優勢，並可以因此獲利。一旦獲利，就會成為既得利益者，在沒有外力影響的情況下，幾乎不會放棄這份利益。

幾乎什麼都不用做，就能獲得15元的差價，這份利益合法且誘人。但是，這份利用「資訊不對稱」而平白獲的利，成為整個交易鏈條上的「摩擦力」，它從客觀上減少了買家的購買意願，減緩了商品的流通，抑制了生產者創造的熱情，最終減少了整個社會的財富總量。

聽上去，張三就是那條「惡龍」啊！如果張三也買了這本書，讀到這裡，他可能會非常不服氣：

　　你憑什麼說我成為整個交易鏈條上的「摩擦力」？如果沒有我的話，王五要用40元才能買到這種大米，因為我，他20元就買到了。這不是好事嗎？進貨價是我的商業機密，我憑自己的本事賺錢，有什麼錯嗎？

　　張三，你好。請先不要生氣。你是一個優秀的商人。

　　資訊不對稱，不是一個非黑即白的概念，它是一個灰度的概念。

　　我們先假設，在這個商業世界中，沒有本地超市，也沒有你。這時，王五和米農之間的「資訊不對稱度」是100%。（見圖1-3）因此，他們完全無法交易，這是他們雙方的損失。

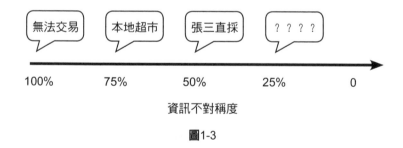

圖1-3

　　然後，有了本地超市（經營者也是優秀的商人），一定程度上連接了王五和米農，降低了「資訊不對稱度」（比如說到了75%），促進了商品交流。你的朋友王五，至少可以買到好吃的大

米了。

那麼你呢？因為你和兩位朋友的直連（直接聯繫），把資訊不對稱度進一步降低（比如降到了50%）。王五在你這裡買大米，比在本地超市還要划算。你做出了傑出的貢獻，你是英雄。

但是，這個「英雄屠殺惡龍」的遊戲，就此結束了嗎？

當然沒有。資訊不對稱依然存在，只要存在，交易就有摩擦。只要有摩擦，就會有更優秀的商人衝進來，進一步減小摩擦力。因為商人的天命，是促成商品交易。

今天出現了一個後生可畏的新英雄：生鮮電商。

因為生鮮電商的存在，王五可以說：「20元，你怎麼不上天呢？你不告訴我，我還不會自己搜尋嗎？」

過去王五可以去超市問，現在可以上網搜。今天互聯網提供的「搜」這個動作，本質就是一種減小資訊不對稱的努力，它也許可以瞬間幫助王五找到一個東北本地的大米農戶，用10元的價格買到大米。

這個提供「搜」的功能（當然，還有信用機制）的網站創立者，就是一個比張三更優秀的商人。因為，他打破了張三為獲利而構建的資訊不對稱，進一步減小了交易節點之間的摩擦力。

王五上生鮮電商一搜，立刻獲得了更多的資訊：你們說的那種大米，成本只有5元，現在產地直供，10元就能買到了。生鮮電

商再次降低了資訊不對稱度（比如降到了25%）。

現在我們回過頭來看整個故事。

本地超市是英雄，挑戰無法交易這條「惡龍」，並大獲全勝；但是過去的英雄，一旦成功，就長出了既得利益的鱗片，變成「惡龍」。然後，張三出現了。張三是英雄，挑戰本地超市這條「惡龍」；可是張三成功後，也長出了鱗片，守護基於資訊不對稱的既得利益，變成「惡龍」。再然後，生鮮電商出現了，挑戰張三這條「惡龍」。

這是一個無休無止的「英雄與惡龍」的故事。

真正的那條「惡龍」，不是本地超市，不是張三，也不是生鮮電商，而是像「魔戒」一樣誘惑人心的「資訊不對稱」。

機靈的商人把「資訊不對稱」當作朋友，偉大的商人把「資訊不對稱」當作對手。

利用「構建」資訊不對稱賺錢，是一種重要的（短期）賺錢辦法；利用「打破」資訊不對稱賺錢，才是一種更重要的（長期）賺錢辦法。

關於資訊不對稱，我再舉個例子。

你和小夥伴去某著名海濱城市旅行，很興奮，決定出門去吃頓海鮮。你們走進一家海鮮餐館，看到水缸裡有一條從來沒有見過的魚，就問老闆：「老闆，這是什麼魚啊？」

你猜這時候，老闆會幹什麼？他可能會一把把魚從水缸裡撈出來，在地上摔死，然後告訴你，這是什麼魚，200元一斤。這條魚，30多斤，6,000元。

你說：「老闆我就是問問，你摔死牠幹嘛？」

老闆說：「啊？我以為你要點呢！」

你說：「我不要。」

然後你轉身就走。這時候，圍過來二十幾個大漢。你走得了嗎？

這種宰客的現象，雖然有關部門不斷強調零容忍，但是在旅遊景點依然屢禁不止。為什麼？因為「資訊不對稱」。

大部分人這輩子只會去一兩次這個旅遊城市。你兩次進同一家餐館吃飯的機率，幾乎為零。也就是說，進店的每一位客人，這輩子只來一次。你站在店老闆的角度想想，他的最佳策略會是什麼？

當然是宰「死」你為止！反正你以後再也不來了。

你和店家的關係，叫「單次博弈」。你被宰完之後，獲得的「這是家黑店」的寶貴資訊沒有用處了，在你的憤憤不平中被浪費了。

但是，你在你家門口的菜市場買菜。你說：「今天的番茄怎麼比昨天貴兩毛錢？你是不是欺負我不懂行情啊？」菜農趕緊跟

你解釋，不是不是，這兩天下大雨，菜進價就貴，過兩天就便宜了。你相信我，我天天在這裡賣菜。

你聽說他天天在這裡賣菜，是不是就會心安一點？為什麼？因為你們倆之間是「重複博弈」的關係。萬一這個菜農騙了你，你可以利用「這是家黑店」的寶貴資訊，在下一次購買時，選擇別家，降低他的獲利，懲罰他。你甚至可以把這個資訊告訴所有鄰居，讓他們都不要去他家買菜。

你的「資訊」，很容易在這個菜市場「對稱」。

這個菜農，是比那個餐廳老闆更優秀的商人，因為他懂得如何在「資訊對稱」的情況下，依然獲利。

回到那家海鮮餐館。

餐廳老闆會不會有一天良心發現，不騙人了呢？當然有可能，但這很難。因為每天，他心中都要做出「利用資訊不對稱獲利」和「我是個好人」之間的博弈。有時候獲利贏，有時候好人贏。

怎麼辦？

這時候，「大眾點評」App就發揮了巨大價值。如果你被一家店「宰」了，現在連12315（當地消費者投訴電話）都不用打，直接在大眾點評上給個差評。然後，本來想去這家店吃飯的人，看到這個差評，可能就不去了。

因為大眾點評把「這是家黑店」的資訊，在未來的消費者群體中「對稱」了。從此，餐廳再也不敢輕易「宰客」了。

你看，一旦商業文明把「資訊不對稱度」往更透明的方向推進幾個百分點，就會有一群「機靈」的商人倒下，一批「偉大」的商人崛起。

什麼是信用不傳遞？

信用不傳遞，就是離我愈遠的人我愈不信任。（見圖1-4）

90%　　　　40%　　　　5%

信用度

圖1-4

原始社會裡的物物交換，是在雙方部落共同見證下完成的。一手交大米，一手交羊肉，兩清。除了你撒腿就跑，我追不上你外，不存在信用不傳遞的問題。

自從一次物物交換，被切分為「買」和「賣」兩次交易，去掉了三個「雙重巧合」後，買家和賣家就可以跨越空間、跨越時間交易了。這是好事，但也帶來了風險：萬一他拿了貨不付款呢？萬一他借了錢不償還呢？

這時，交易雙方，先付出的那個人就承擔了風險。通常，他只願意為他認為值得「信任」的人，也就是有「信用」的人，承擔風險。

舉個例子。

你親哥哥向你借1萬元，你會借給他嗎？當然借！

需要寫個借條嗎？寫什麼借條，拿去用。方便的時候再還給我。

為什麼？因為你們從小一起長大，你對他足夠「信任」。換句話說，他在你這裡有「信用」。

但是，你親哥哥最好的朋友向你借1萬元，你會借嗎？

你可能會問你哥哥，真的要借給他嗎？萬一他不還怎麼辦？誰的錢都不是天上掉下來的。請他寫個借條吧，或者把手錶押在我這裡。

為什麼？因為你當然不會像信任你親哥哥那樣，信任他的好朋友。他在你這裡沒有「信用」。他在你哥哥那裡有信用，但是這份信用，沒辦法無損地傳遞給你。

如果你親哥哥最好的朋友的下屬向你借1萬元，你會借嗎？你可能會說：「沒錢！」

這時候，只有用無風險的抵押，以及合理的利息來「增信」，你才會願意幫他這個忙。不管你親哥哥最好的朋友如何信

任他的下屬，這份信用，傳遞不到你這裡。

這就是「信用不傳遞」。

信用不傳遞這條「惡龍」，在每個交易線段上，都要吃掉大量信用，導致因為信用太容易損耗，交易只能在小範圍內發生。而商人們一旦需要在大規模、遠距離的陌生人之間促成交易，就會遇到非常大的阻力。

商業的本質，是交易。而交易節點之間的「資訊不對稱」和「信用不傳遞」，小的是沙子，大的是巨石，再大可能就是橫亙在交易節點之間的天塹。

在整個商業史上，我們所看到的每一個商業創新，幾乎都是對天塹的宣戰；而我們看到的每一次商業進化，幾乎都是天塹變通途的勝利。

3 商業進化：
跨越天塹，降低交易成本

商業進化史，就是一部商人們不斷戰勝資訊不對稱、信用不傳遞，提高交易效率的歷史，就是一部英雄不斷戰勝「惡龍」的歷史。

但是，只要是戰爭，就有代價。

商人們為了戰勝資訊不對稱、信用不傳遞這兩條「惡龍」，必須付出的代價，就是：交易成本。

有人說，要想教一隻鸚鵡成為經濟學家，只需要教它學會一個詞：供需關係。套用這個句式，要想教這隻鸚鵡同時成為商業大咖，只需要再教它學會第二個詞：交易成本。

那麼，到底什麼叫交易成本？

最早提出交易成本概念的，是著名經濟學家、諾貝爾經濟學獎獲得者科斯（Ronald Harry Coase）[6]。他是這麼定義交易成本的：

6　交易成本理論的核心觀點，呈現在科斯於 1937 年發表的《企業的性質》一文中。《企業的性質》是讓科斯獲得 1991 年諾貝爾經濟學獎的兩篇論文之一，另一篇是《社會成本問題》。科斯對交易成本問題研究的另一個重大貢獻，是對交易成本進行了分類，這讓我們更清晰地瞭解，到底是哪些成本降低了交易效率。

　　交易成本，也叫交易費用，是指達成一筆交易所要花費的成本，也指買賣過程中花費的全部時間和貨幣成本。

　　還是不懂？先舉個例子。

　　你想透過炒股軟體，買入100股某公司的股票。交易完成時，除了用來買股票的錢，一般還要多付1‰左右的費用給證券公司。

　　我是從另一個股東手上買股票，為什麼要付錢給證券公司？

　　因為你和那個股東之間資訊不對稱（誰正好有100股想賣？）、信用不傳遞（你不是騙子吧？），所以，一條深不可測的「交易天塹」，讓你們兩個交易節點之間的摩擦力幾乎無窮大。

　　那怎麼辦？

　　證券交易所，花錢買伺服器，雇人寫交易系統，然後管理一個巨大的經營團隊，日日夜夜保證交易不出問題。證券公司，則花錢雇用團隊，把盡可能多的買家和賣家拉到這個系統上來，促成交易。然後，你終於可以跨越千山萬水，和另一個「素不相識、從未互信」的股東完成這100股的交易。

　　證券公司和證券交易所，減小了資訊不對稱、信用不傳遞帶來的摩擦力，但也同時為減小摩擦力而付出了成本，比如伺服器成本、網路成本、管理成本、行銷成本等。

這些成本，就是「交易成本」。

你說，我覺得不值。我直接找到這家公司的股東，直接從他手裡把這100股股票買過來，不就不用支付這1‰了嗎？

沒錯，你確實不必支付這1‰。但是，你首先要託人認識他，然後從家裡開車（或者坐捷運、叫專車）去對方那裡，溝通、談判，最後簽合約、過戶、成交，其中所花的時間、金錢，是你的交易成本。最後你可能會發現，你「自創」的克服摩擦力的方法所帶來的成本，可能比證券公司的1‰高很多。

證券公司之所以能夠存在，就是因為它克服摩擦力的成本比你低。

再舉個例子。

你想買一款去屑洗髮精。某個大品牌雖然效果很好，但是很貴，要200元一瓶。你有一次聽說，這瓶洗髮精的生產成本其實只有50元。你非常氣憤，覺得自己被騙了。

200元-50元=150元。這150元，我們通常稱之為「品牌溢價」。品牌溢價，就是你和這瓶洗髮精之間的「交易成本」。

你說我不想支付這個「交易成本」，我直接找到工廠，直接用50元的價格購買。然後，你在微博上發了則訊息，尋求可靠的去屑洗髮精工廠。你要求，效果必須和那個大牌一樣。然後，你收到了2,000則工廠發來的訊息。一開始，你很得意地想：「看，

不需要你這個品牌，我也找得到洗髮精廠家。」

但是，很快你就發現，這2,000家工廠都聲稱自己的去屑效果和那個大品牌一樣。但是它們的價格從1元到800元不等。你一下子就「懵」了，不知道怎麼選。

你只好花很多時間來研究洗髮精去屑的原理、不同工藝之間的差別，以及這些廠家的歷史。花了幾個星期的時間，都沒看完一半。最後，你決定放棄。算了，還是買那個大品牌的吧。

你突然明白，那150元的交易成本其實很便宜。因為你自己選，其實就是把品牌商做的所有事情，重新做了一遍。而你可能要花15,000元的時間價值，才能選出一款同樣品質的洗髮精。這15,000元，就是你自己選的交易成本。

品牌溢價不是讓用戶多花錢，而是讓用戶省錢。省什麼錢？省「交易成本」的錢。

所謂的商業進化的歷史，本質上就是勤勞、勇敢而聰慧的商人們，不斷跨越天塹、降低交易成本的歷史。證券公司、品牌溢價等，都是如此。

著名經濟學家張五常曾經在一次演講中說：

一個地區的交易成本愈高，這裡的人就愈窮；交易成本降低一點點，人民生活就會快樂很多。

很多不理解商業的人，把商人，尤其是中間商，當成「增加了的交易成本」。這個理解是因果倒置的。商人不是來增加交易成本的，而是降低交易成本。

愈優秀的商人，愈懂得如此。

那麼，有哪些典型的「交易成本」呢？優秀的商人們，又是如何來降低這些成本的呢？

諾貝爾經濟學獎得主、新制度經濟學的命名者奧利弗・威廉姆森（Oliver Williamson），在1975年細分了科斯的交易成本理論。他認為，具體來說，交易成本包括以下幾種：

搜尋成本、資訊成本、議價成本、決策成本、監督成本、違約成本。

達爾曼（K. Darman）在1979年提出交易成本的另一套細分方法：

搜尋資訊的成本、協商與決策成本、契約成本、監督成本、執行成本、轉換成本。

之後的學者，又進一步根據消費者的決策流程，把交易成本分為三類七項：

第一類「購前」：包括搜尋成本、比較成本、測試成本三項交易成本；

第二類「購中」：包括協商成本、付款成本兩項交易成本；

第三類「購後」：包括運輸成本、售後成本兩項交易成本。

在每一筆真實的交易中，至少會有一種交易成本出現，更多的時候是三四種交易成本一起出現。

交易成本，是為克服交易阻力而付出的代價。

優秀的商人之所以優秀，就是因為他們不僅取得了勝利，還在不斷減少勝利的代價。

如何降低這些成本？我們依次分析。

1. 搜尋成本

假設你家有一台十年前買的電視機，一直捨不得扔。突然有一天，它的遙控器壞了。

你到樓下的電器修理鋪問：「有沒有賣這個型號的遙控器？」修理鋪的老闆說：「這款電視機也太老了吧。我們這裡沒得賣，你去街尾的那家店看看。」

你只好拿著這個遙控器去街尾的店鋪。街尾的電器修理鋪老闆說：「我們家也沒有，我們只賣最新款電視機的遙控器。這家電視機廠商的官方維修點離這裡不遠，開車20分鐘，你要不去看看吧。」

最後，你在官方維修點買到了新的遙控器。其實很便宜，50元。請問，你為這支遙控器花出去的成本，只有50元嗎？

顯然不是。

你下了樓，從街頭走到街尾，然後回去取車去官方維修點，開車來回40分鐘。全程大約花費2小時。這2小時的時間花費，也是你買到這支遙控器的成本。假設你一小時的時間成本是100元，那你一共花了200元。這200元就是你的「搜尋成本」。搜尋成本是一種隨處可見的「交易成本」。

但是，這筆「隨處可見」的搜尋成本，並沒有計入商品價格。商品價格還是50元。你甚至沒有意識到這筆搜尋成本的存在，你只是隱隱約約覺得跑那麼遠買個遙控器不值得。

為什麼有這種感覺？因為你實際花了250元。

實際成本（250元）＝商品價格（50元）＋搜尋成本（200元）

所有的交易成本，都包括兩部分：買家付出的交易成本和賣家付出的交易成本。

買家交易成本是價外成本，是隱藏的，比如搜尋成本，它愈高，買家交易的意願就愈低；賣家交易成本是價內成本，是可見的，它愈高，商品價格就愈高。

那怎麼辦？上萬能的淘寶啊。

在淘寶上「搜尋」，你可能幾秒鐘之內就發現，在安徽安慶的一個小店，居然有500個這種遙控器的庫存，賣80元一個。這家小店附近，會有500個人正好需要這種遙控器嗎？

幾乎不會。但是，這家安徽安慶的淘寶店，面對的是全國用戶，而不是附近社區。全中國有這款電視的人，可能有十幾萬。他們中很多人可能也在到處「搜尋」這種遙控器。這家淘寶店的存在，讓幾百戶人家可以足不出戶，瞬間找到自己需要的商品，大大降低了各自的「搜尋成本」。

在淘寶上，像這樣的店有幾百萬，甚至上千萬個。他們加在一起，降低了整個中國商業社會的搜尋成本，促進了財富的創造和傳遞。

你樓下的電器修理鋪和二十分鐘路程外的官方維修點是「英雄」，它們促成了交易。而淘寶，降低了促成交易的代價。

所以，現在你明白為什麼淘寶、天貓、京東這些公司，能獲得如此巨大的成功了嗎？並不是因為它們在「吸實體經濟的血」，而是因為它們透過大規模降低「搜尋成本」的方式，提升了商業效率，推動了商業文明的進步。

2. 比較成本

我在微軟的十幾年，經常去美國。在美國，我最痛苦的一件事情就是吃飯。我是一個典型的中國胃，特別不愛吃西餐。我最愛吃的東西，是火鍋、燒烤、小龍蝦。

週末出去覓食，看到五家餐廳，有四家是做牛排、海鮮的。美國的海鮮做法跟中國的也不一樣。一根蟹腿放冰塊上，澆上酸汁，很難接受，我更喜歡蒸熟了，趁熱吃。

那怎麼辦？吃哪家？怎麼比較？每家都點個前菜試吃一下，然後再決定在哪家坐下來？老闆會把你打出來的。

我的「比較成本」很高。

這時候，我看到了第五家餐廳——麥當勞。你知道我當時的感覺嗎？跟見到親人一樣。很多人覺得「你有毛病啊，跑到美國還吃什麼麥當勞？你在中國沒吃過嗎？」其實，恰恰是因為我在中國吃過，我才選擇麥當勞。

麥當勞採用連鎖加盟的方式，用標準化的功能表、標準化的流程、標準化的裝修、標準化的服務，給全球顧客幾乎完全一致的體驗。假設全球有十萬家麥當勞，你只要在其中任何一家吃過，就知道其他99,999家麥當勞，有什麼品項、口味，好不好吃、習不習慣，無須比較。

與其在其他店裡比來比去，花那麼多時間，我還是吃肯定沒問題的麥當勞吧。

麥當勞用「連鎖加盟」的商業模式，在我還沒有進西雅圖這家店之前，就讓它的資訊和我對稱了，降低了我的「比較成本」。麥當勞，是一個挑戰「惡龍」的英雄。

但是，現在出現了「大眾點評」。大眾點評的創意，源自一個美國的App，叫Yelp。不過今天的大眾點評，也可以在美國使用了。

我打開大眾點評，發現這四家店中，有一家5顆星的牛排店，下面有很多中國人的評論，說特別好吃。其中有一個人還留言說：你要是在牛排上抹上一層老干媽[7]，會更好吃。

你猜這時候，我會進哪家店？

我很可能會進這家牛排店。為什麼？因為大眾點評透過前面吃過的人的評價，提供了我關於這五家店非常充分的資訊，進一步降低了我的「比較成本」。如果這時候我還是進麥當勞，那我對麥當勞是「真愛」啊。

一份來自哈佛商學院的研究顯示，一家餐廳在Yelp上每提高一個星級，會導致收入增加5%~9%。這說明，用戶愈來愈依靠點評網站來比較餐廳。

這份研究還顯示，Yelp滲透率愈高的地方，連鎖餐廳的市場份額愈低。這說明，點評網站提供的比較建議，正在（至少部分）取代連鎖品牌的聲譽價值。

為什麼？因為點評比連鎖更高效地降低了用戶的「比較成本」。

7　老干媽是油辣椒、辣醬食品品牌。

連鎖加盟是英雄，它們促成了交易。而點評網站，進一步降低了促成交易的代價。

3. 測試成本

2019年底，為了學習諮詢行業中的偶像麥肯錫，我開始嘗試把雙腳踏進水裡，親自下場做新零售，做新製造。把獲得的寶貴經驗整理後，分享給我的諮詢客戶，幫助他們解決商業問題。

我選擇了茶葉這個行業，做了一款「小洞茶」。不到一個月時間，論克賣的陳年熟普（指普洱茶），被我賣了1噸。

可是，為什麼做茶葉？

這個世界上有一類行業，我稱之為「低信任行業」，比如古董，比如紅木，比如玉石，比如茶葉。在這些行業裡，消費者獲得真實資訊實在是太困難了：古董到底是不是真的？紅木到底是多少年的？玉石到底是不是天然的？你的茶葉到底是不是從那棵古樹上採下來的？你說乾倉[8]儲存了十年，我怎麼知道是不是真的乾倉，真的儲存了十年？你有錄影嗎？如何驗證？如何測試？

你幾乎沒有辦法。沒有測試機構能夠告訴你，這批茶葉是從哪棵樹上採下來的，放了多少年。所以，這些行業魚龍混雜，騙子橫行。這就是所謂的「水太深」。

8　指較好的倉儲，溫濕度正常。

那怎麼辦？全部試用、試吃、試喝一遍，然後選擇？

我有個朋友，為了給新生孩子提供最好的家庭空氣環境，買了30多萬元的空氣清淨器、新風機[9]，親自測試。最後選了其中一款安裝。

這30多萬元，就是她購前的「測試成本」。

她顯然比較有錢，付得起這個成本。那普通消費者呢？

第三方評測機構，這時候就扮演了重要的價值角色。

每家空調廠商都說自己省電，怎麼辦？看一下「能源效率標示」吧。根據耗電量等級購買空調，而不是拿著電錶測試，會大大節省消費者的「測試成本」。

每家手機廠商都說自家的手機拍照特別美，怎麼辦？去看一下DxOMark（相機和鏡頭的圖像品質評測機構）的相機測試吧。根據分數購買手機，而不是橫向比較幾百張照片，會大大節省消費者的「測試成本」。

回到最開始的茶葉。我為什麼要做茶葉？

因為過去茶葉這個行業「水太深」，消費者選茶葉的「測試成本」太高。我們用自己的信用為好茶背書，讓用戶可以閉著眼睛放心買，從而降低了「測試成本」，讓雙方獲益。

9　一般的空氣清淨機是將空氣中的污染物質留在濾網上，而新風機則是引進新風改善空氣對流，降低二氧化碳濃度。

幫助消費者節省「測試成本」，可以是一門大生意。

瑞士有家上市公司叫SGS（檢驗、鑑定、測試和認證機構），成立於1878年，比我大200歲左右。它的主要業務就是：代替消費者做測試。

比如當一輛汽車說自己安全時，它是不是真的安全；當一家建築材料公司說自己環保時，它是不是真的環保；當一家企業說自己沒有排汙時，它是不是真的沒有排汙；當一款食品說自己含有某種營養成分時，它是不是真的含有。

SGS的口號就是：在你需要確信的時候（When You Need To Be Sure）。

那誰為測試買單呢？企業。因為企業自己的測試無法取信於消費者，所以花錢購買協力廠商的測試服務來證明自己。

SGS因此獲得的年收入為69億美元，現在市值210億美元，相當於21家獨角獸公司的規模。

4. 協商成本

你有沒有接受過「商務談判」的培訓？

商務談判，有很多策略。

比如「最終期限」策略：這個折扣就今天有效，明天就更新報價表了，趕快簽字吧；

比如「戰略延遲」策略：這個問題我再想想，你著急的話，就做點讓步吧；

比如「大吃一驚」策略：天啊，你這個要求也太離譜了，這麼沒誠意，沒法談了；

比如「不露面的人」策略和「有限授權」策略……

兩家公司進行一項商務談判。一方總監皺起眉頭，說：「這個方面我做不了主啊。要不，你在那個方面再讓步一點，讓我至少開得了口，去說服老闆試試看？」

那個不露面（甚至都不存在）的「老闆」，成了談判桌上鬥智鬥勇的重要籌碼。

為什麼？

因為「資訊不對稱」，敵人太狡猾，萬一談得不好，我至少可以用「老闆不同意，我有什麼辦法」來回斡旋。

這就是「不露面的人」策略。

大家都談完了，另一方總監說：「我儘快把協議拿回去給律師看。我的授權有限，律師最大。你們懂的。」

最後，律師在原本共三頁的協議後面，加了三十頁的違約條款，甚至細到了如果打官司，在哪個法院起訴。

為什麼？

因為「信用不傳遞」。愈不信任，愈需要「醜話說在前

頭」。醜話說在前頭,就是協商。這些違約條款,都是談一件較高機率「不會發生」的事情:你別怪我啊,萬一呢?

這就是「有限授權」策略。

為了簽一份協議,那麼多人花了那麼多時間來來回回,大量的時間甚至金錢投入,都是成本。這就是「協商成本」。

怎麼降低協商成本?

整個社會降低協商成本的方法,是「事後懲罰」。

初去美國的人,會發現美國人很「蠢」,商業社會裡,到處都是「漏洞」。你拿餐廳服務生手寫的一張「收據」,就能到公司報銷。那我自己手寫一張去報銷不就行了嗎?這個漏洞也太大了吧?

初去德國的人,會發現德國人也很「蠢」,自己買地鐵票,進地鐵站,沒有人工驗票,也沒有自動閘機,沒票其實也能進,這個漏洞也太大了吧?

但是,你會發現,美國的公司有審計,德國的地鐵有督查。一旦發現你有不誠信行為,你以後在這個國家會諸事不順,說不定信用卡都申請不下來。

相反,複雜的發票體系,昂貴的驗票系統,其實本質上都是要求你遵守契約的「協商成本」。而「事後懲罰」的社會信用體系,可以降低事前的協商成本。

說完了社會，我們再看個體。對於單個機構，降低協商成本的方法，是「品牌聲譽」。

以顧問行業為例。

成功的顧問公司各有各的成功，失敗的顧問公司原因只有一個：你在客戶那裡沒有「信用」，客戶不相信你的能力。

因為不相信，所以「協商成本」很高：說說看，你能做什麼？你比X好在哪裡？比Y強在哪裡？還能再便宜一點嗎？你能來競個標嗎？我們只能先付30%的錢，等看到效果我再付尾款吧？這些高昂的協商成本，都會導致一家諮詢公司的成交速度極慢，客戶戰略決心不夠導致效果不好，諮詢公司也因此收不到錢。

這些都是協商成本。你花在協商上的時間愈長，花在交付上的時間就愈短。這條「負向增強回路」，進一步導致你的收入減少。那怎麼辦？

我為自己定了一條鐵律：

絕不去客戶現場做售前。

不管你是多大的企業家，只要你不願到我的小辦公室來聊，就說明我的聲譽還沒有強大到讓你挪步。只要不是用「聲譽」這個「第一因」贏來的客戶，再有錢，也不是我真正的客戶。不夠強大是我的錯。

這樣，當你用聲譽贏得客戶時，就可以不用支付任何售前溝

通類的「協商成本」。這時候你就會明白，為什麼很多人那麼在乎個人的聲譽和公司的品牌。因為聲譽和品牌能降低協商成本。

你問一下自己，如果有一天因為公司資金周轉問題，需要打電話向朋友借錢。你覺得你能在不抵押資產，甚至不寫借條的情況下，借到多少錢？這些錢就是你聲譽的價值。免去的抵押、借條、借款合約，就是節省掉的協商成本。

5. 付款成本

協商成本，有關法律條款；付款成本，有關財務條款。

假如你是中國海寧的一家沙發工廠，生產的沙發要出口到美國一家公司。因為這是你們第一次合作，對方要求你先發貨，驗過貨之後，再付款。

但是，1,000萬元的貨，你敢直接發過去嗎？你說不行，你要先付款，看到錢後再發貨，我怎麼知道你是不是騙子。你們商量來商量去，最後決定先從10萬元的生意做起，熟了以後再做大生意。付款這件事背後的風險，阻礙了你們之間的交易。

為什麼會出現這種情況？因為你們彼此在對方那裡沒有「信用」，所以「付款成本」很高。

為了降低付款成本，一個叫「信用證」（Letter of Credit, L/C）的東西被發明出來。

　　美國這家貿易商和美國某家銀行長期合作，在這家銀行裡開設了帳戶，帳上有不少錢。銀行非常清楚這家貿易商的情況，為其開出證明，這個證明就叫信用證。這個證明告訴中國海寧的工廠，我們已經凍結了美國貿易商的1,000萬元資金，把貨發過來吧，這邊收貨之後，就把錢匯過去。

　　海寧的工廠更相信銀行，看到信用證之後就發貨了。信用證的出現降低了遠隔萬里的交易雙方之間的「付款成本」。

　　我們剛剛聊過，淘寶成功的核心是降低了全社會的「搜尋成本」。那麼支付寶呢？

　　在網上買東西，雖然搜到了賣家，但是你不敢把錢付給賣家。萬一對方是騙子呢？你要求先發貨。賣家也不敢先發貨，萬一你收到貨，就是不付錢呢？於是對方要求你得先付錢。

　　這就是「付款成本」。

　　有沒有辦法降低「付款成本」，促成交易呢？

　　2004年，「支付寶」出現了。阿里巴巴最初就是做國際B2B（企業與企業之間開展交易活動的商業模式）電商的，所以對「信用證」的邏輯非常熟悉。為了降低C2C（個人與個人之間開展交易活動的商業模式）電商的「付款成本」，支付寶直接借鑑了信用證的邏輯：擔保交易。

　　你一旦下單，錢就從你的帳戶裡拿出來放到支付寶的臨時帳

戶。支付寶通知賣家，錢已經在我這裡，你可以發貨了。賣家放心地把貨發給買家，買家收到貨，檢查後發現沒問題，也放心了，點擊「確認收貨」，錢就自動轉到賣家的帳戶裡。支付寶的出現大大降低了電商交易的付款成本，並且帶動了移動支付的普及，這才有了後來「雙11」的交易奇蹟。

如果說淘寶的成功，是因為降低了搜尋成本；支付寶的成功，就是因為降低了付款成本。

6. 運輸成本

提問：你覺得現在是中國的物流行業效率高，還是美國的物流行業效率高？

很多人會覺得，當然是中國高啊！2020年大年初一的早上，我在深圳大中華喜來登酒店，用手機在京東App買了一本施展老師的新書《溢出》，然後立刻奔赴機場，飛回上海。下午到上海的家時，這本《溢出》已經先於我送到了。

所以很多人會覺得：中國物流業的效率太高了。

但是，這其實是一個誤解。

中國物流與採購聯合會會長何黎明，在一次演講中說：「中國物流效率，僅相當於美國（20世紀）80年代。」

啊？為什麼？

要看一個國家物流行業的效率，一個關鍵指標是社會物流總成本在GDP（國內生產總值）裡的占比。這個占比意味著，每創造10,000元的社會財富，需要多少物流成本把它們送到消費者手中。比率愈低，物流行業的效率愈高。

那麼，各個國家的「社會物流總成本」在GDP裡的占比，到底是多少？美國的社會物流成本占GDP的比重大約是8%，日本是11%，東南亞高達27%。中國呢？大約15%，將近美國的兩倍。（見圖1-5）

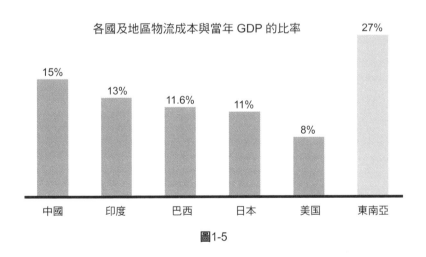

各國及地區物流成本與當年 GDP 的比率

圖1-5

當然，這個數字也和一個國家GDP的結構有關係。比如製造業大國一定比服務業大國的物流負擔重，但是這個占比依然在一

定程度上反映了物流行業的效率水準。

為什麼中國「社會物流總成本」和你想像的完全不一樣，比美國高這麼多呢？

社會物流，大概包括三種成本：運輸費用、保管費用、管理費用。

在運輸費用方面，中國目前的運輸，主要還是依靠高成本的公路運輸，成本更低的鐵路運輸和水路運輸，占比很小。

中國多種方式（水路、鐵路、公路、航路）的聯合運輸，只占4%~5%左右，而發達國家已經達到20%，成本當然高。

那保管成本呢？保管成本，和商品的庫存週期關係非常大。中國傳統商業的生產計劃性總體較差，一件商品在倉庫裡放1年才賣出去，和放1個月就賣出去，保管成本相差12倍。

第三是管理費用。

你猜猜看，一盒棉花棒從生產出來，到運到你家門口的夫妻老婆店[10]，再到被你買走，一共被搬運了多少次？

大概5~8次。

從工廠搬運到品牌商倉庫，再搬運到總代理倉庫，再搬運到城市代理倉庫，再搬運到批發市場，再搬運到夫妻老婆店。每一次搬運，都是運輸成本。這些運輸成本，都會作為「賣家交易成

10　指夫妻共同經營的小店鋪。

本」，加到商品價格裡去。

每一次搬運，都會產生新的成本負擔。而這些成本，是因為對交易流程的低效管理導致的。

那能不能減少搬運的次數，比如降到四次、三次，甚至二次？

有可能。

名創優品的棉花棒，從工廠出來後，會被直接運送到它在全國的七個大倉庫，然後根據終端的銷售資料，從七個大倉庫直接運送到需要補貨的門市。這樣，一盒棉花棒，在名創優品只需要搬運二次。

算上自建倉庫的成本後，減少搬運次數這件事，在大多數情況下，依然能夠降低運輸成本。

再舉個例子。

你是一家品牌商，打算在京東、小米有品上賣東西，你可以不建立自己的倉庫，選擇「一件代發」服務。貨品從工廠出來，直接放入京東統一的倉庫裡，你賣出一件商品，並不需要把貨品搬到自己家，再從家裡發貨，京東直接幫你從統一的倉庫發貨。這樣「物權流轉貨不動」，又減少了一次運輸成本。

還能怎樣降低運輸成本？

比如啤酒，把工廠建在本地，這樣可以從本地的江河取水，

而不需要把用長江水釀的酒，運輸到珠江去。

比如玻璃，把工廠建到汽車基地，這樣可以避免長途運輸帶來的玻璃破損，把運輸成本降到最低。

比如建築，在600公里範圍內選取水泥、樹木等建築材料，可以大大降低運輸成本。

商人們在想盡一切辦法，透過降低「運輸成本」的方式，提升交易效率。

中國的「最後一公里」物流效率很高。但是，主要物流效率太低。

2013年，阿里巴巴成立了菜鳥網路。馬雲在「2018全球智慧物流峰會」上表示，他的目標是讓中國任何城市之間的電商快遞，實現24小時內必達，全球範圍內實現72小時必達。

怎麼做？透過大數據改善主要物流效率。根據大數據，在使用者還沒有下單的時候，調動主要物流資源，實現提前配送。

這一切的努力，都是在降低運輸成本，哪怕只是一點點。進一寸有一寸的歡喜。

7. 售後成本

梁寧[11]曾經講過一個關於「育嬰箱」的故事。

11　得到 App 課程《產品思維 30 講》主理人。

19世紀70年代，婦產科醫生斯蒂芬‧塔尼受小雞孵化器的啟發，發明了人類使用的「育嬰箱」。這個偉大的發明，讓美國嬰兒的死亡率下降了75%。

育嬰箱是一個非常天才而偉大的發明。但是，這麼偉大的東西，並沒有帶來非洲嬰兒死亡率的下降。為什麼？

因為斯蒂芬的育嬰箱結構非常複雜，容易出現故障。出現故障後，需要專業人員和專業配件才能維修。而這些在基礎條件落後的地方很難獲得。所以，育嬰箱很難大範圍推廣。

也就是說，斯蒂芬的育嬰箱「售後成本」太高。你能捐10,000個育嬰箱，但你很難捐一整套售後服務體系。怎麼辦？

一位美國大學生，天才式地改進了斯蒂芬的育嬰箱。這款育嬰箱用舊汽車的前燈來供暖，用汽車儀錶板的風扇來保持空氣迴圈，用車門的蜂鳴器和信號燈當報警系統，用摩托車電池供電。

這款育嬰箱被稱作NeoNurture育嬰箱。

這個發明利用成熟的汽車配件製造育嬰箱，完全不用搭建一套獨立的售後體系。育嬰箱如果壞了，一個汽車修理工就能修好它。NeoNurture育嬰箱的偉大之處，就在於它創造性地降低了「售後成本」。

有一次，華為前輪值CEO（首席執行官）費敏跟我說了一個故事。

他說，他們家空調壞了，於是請人上門來修。修理工人滿頭大汗，弄了一個上午，還是沒修好，最後說先回去一趟再來。

費敏在華為時，負責整個華為的研發體系。他說，華為是不會這麼設計產品的。華為如果做空調，一定會把產品模組化。

空調壞了，有人上門來修。最重要的「售後成本」是那塊電路板，還是修理工人上門的時間？應該是上門修理的時間。

所以，如果從最開始就想到了這個問題，進行模組化設計，維修工人上門後，直接拔走壞掉的模組，換上新的，走人。這樣的售後成本，是最低的。

為什麼？

因為所有的售後成本，最終都會加到商品價格裡，導致不必要的高價帶來的交易阻力。

創造性地降低售後成本，就是降低交易成本，提升商業效率。

搜尋成本、比較成本、測試成本、協商成本、付款成本、運輸成本、售後成本。

建議你現在闔上這本書，閉著眼睛問自己一個問題：「我的公司，到底降低了這七種交易成本中的哪一種，或者哪幾種？」

想清楚這個問題，你就能對自己的公司或是一路高歌猛進、或是不慍不火的原因，有個大概的判斷了。

商業進化的歷史，就是一部克服「資訊不對稱、信用不傳遞」的沙子、巨石，甚至天塹帶來的摩擦力和阻礙，從而降低交易成本，提升交易效率的歷史。

4 所有偉大的機會，都源自巨大的結構改變

　　現在終於可以回答本書提出的商業五大問題中的第一個了：商業到底是什麼？

1. 商業的本質，是「交易」；
2. 資訊不對稱和信用不傳遞，讓交易過程遭遇「阻力」；
3. 所謂商業進步，就是用愈來愈低的「交易成本」，克服阻力。

　　不管你是否意識到，今天成功的商業機構，幾乎一定是透過某種獨特的方法，（至少）降低了七種交易成本之一。而正是所有這些有目的性的或者無意的降低交易成本的創新，在推動商業文明的進步。

　　這些推動交易成本降低的創新，都被稱為：商業模式創新。

　　什麼是商業模式？什麼又是商業模式創新？北京大學的魏煒教授曾經給商業模式下過一個定義：

　　商業模式，就是利益相關者的交易結構。

我從上游買東西，賣給下游，這就是一個「交易結構」。100個上下游聚在一起交易，這也是一個「交易結構」。

哪種交易結構更好呢？交易成本更低的結構。

以滴滴為例。

在滴滴叫車出現之前，計程車的運營模式是：計程車司機交給運營公司入會費，然後剩下來的載客獲得的收入歸自己。這樣的交易結構，就相當於計程車公司向政府批發了「運營權」，然後零售給計程車司機。

上海大約有4萬個計程車司機、2萬輛計程車。計程車司機隔天上班，所以每天路上大概有2萬輛計程車。這2萬輛車的運營權，是一個固定的數字。所以，晚上演唱會結束，特別需要車的時候，路上有2萬輛車；下午大部分人都在辦公室不出門的時候，路上還是有2萬輛車。

這2萬輛車的定價，也是一個固定的數字。供大於求的時候，每公里是一個價格；供小於求的時候，每公里還是同樣的價格。這個交易結構，就導致上海的路上，有時計程車多得不得了，有時又沒有車。

然後，互聯網來了。滴滴借助互聯網，重構了叫車的交易結構。

第一，它開發了一個App，幫助乘客和司機彼此找到對方。這樣一下子就降低了「搜尋成本」。

本來司機搜尋乘客的方式，是透過在路上不停地跑，看看是不是正好遇上一個客人。乘客搜尋的方式，是站在路邊來回地看，等待正好路過的計程車。這種搜尋方式的成本，當然很高。App的匹配，最大化地優化了司機和乘客找到彼此的效率，降低了整個社會空駛和空等的成本。

第二，滴滴還提供了一鍵計算計程車、順風車、快車、專車、豪華車等，從起點到目的地的價格，以及它們的車型，降低了用戶的「比較成本」。

第三，滴滴為每個司機建立了檔案，並且公示他們的接單次數、用戶評分，以此建立信任，避免了乘客（尤其是女乘客）晚上乘車，要透過看面相凶不凶，完成「安全測試」，再決定上不上車的尷尬，從而降低了「測試成本」。

第四，滴滴透過在繁忙時段自動計算、上浮價格的方式，鼓勵更多快車、順風車加入運營，解決高峰時段叫車難的問題。這種忙時貴、閒時便宜，忙時車多、閒時車少的「協商」，是系統自動完成的。你不需要在遇到急事時，打電話去計程車公司協商「不管多少錢，立刻給我派輛車」了。大數據的自動計算，降低「協商成本」。

　　第五，滴滴透過綁定網路支付的方式，讓你不再需要下車時掏錢、找零，直接開門、走人，錢就自動扣掉了。這個錢，乘客先付給平臺，平臺再轉給司機，平臺在付款過程中起到了擔保的作用，從而降低了「付款成本」。

　　雖然滴滴剛出來的時候，計程車司機和計程車公司大規模抵制，雖然滴滴本身也出現過不少問題（我還寫文章吐槽過滴滴），但因為「交易成本更低」，它確實是「更高效的」商業模式。

　　為什麼？因為滴滴的商業模式，這種組織「利益相關方的交易結構」方式，降低了交易成本。

　　高效的商業模式和高效的商業模式之間，當然會有競爭關係，比如滴滴和美團叫車。但是高效的商業模式和低效的商業模式之間，不會有競爭，只會是高效逐漸取代低效，只不過是取代的速度多快、程度多深而已。

　　所有偉大的機會，都源自巨大的結構改變。阿里巴巴如此，百度如此，騰訊如此，滴滴如此，美團如此……

　　你想抓住一個巨大的結構性改變，創立一個偉大的機會嗎？

　　你看到的那個巨大的結構性改變，是什麼？

PART 2

連接，
是結構改變的原動力

你已經準備好，抓住一個巨大的結構性改變，順應商業進化的趨勢，創立一個偉大的機會了嗎？

很好。不過，我還是想請你先坐下來，不要著急出發，先靜靜地看。潮起潮落，洶湧澎湃的海面之下，有什麼？到底是什麼在推動大海的流動？

往下，再往下。沒錯，你看到的那股力量，就是「洋流」。一股你只有用宏大的視角才能看到的力量，悄悄地，但是堅定地、不容置疑地主宰著海洋的生態變遷。

洋流把低緯度的熱量向高緯度傳輸，影響全球氣溫；暖流上空的熱量和水汽，形成霧、雨，改變全球生態；寒流和暖流的交匯處，形成世界四大漁場（北海道漁場、北海漁場、祕魯漁場、紐芬蘭漁場）；連赤道上有企鵝生存，都是因為洋流的影響。

洋流，這種你微觀上看不見的東西，正在宏觀地影響著整個人類的生活。如果你想成為海洋捕魚，甚至跨海航行的高手，你必須看見這股看不見的力量。

商業也是一樣。

在商業的海洋中，也有一股你微觀上看不見的洋流，正在巨大的宏觀尺度、漫長的時間維度上，堅定地、不容置疑地，影響

著商業的進程。

要想回答本書的第三個和第四個問題：

商業從哪裡來？商業到哪裡去？

我們必須深刻理解這股洋流的流向。這也是本書要討論的第二個問題：商業為什麼能進步？這股洋流的流向，就是商業進步的方向。

商業海洋中的這股洋流，就叫作：

連接。

是「連接」，是各種愈來愈高效的「連接」，催生了各種新工具、新辦法，使「資訊不對稱、信用不傳遞」這兩個問題，得到更高效地解決。

最早的時候，古人打仗時，是如何解決資訊不對稱問題的？

短距離間用烽火。長城上一個個「小城堡」，就是烽火臺。如遇敵情，白天施煙，夜間點火，說明友軍之間的資訊對稱。烽火，就是一種短距離的「連接」方式。

那遠距離呢？主要靠每隔二十里一個的驛站。一旦公文上標注「馬上飛遞」，就必須以每天三百里的速度傳遞。所謂「八百里加急」，就是日行八百里，馬不停蹄地解決遠距離「資訊不對稱」的問題。驛站，就是一種遠距離的「連接」方式。

八百里有多遠呢？大概就是從上海到南京的距離再多一點。

今天你有個消息，想從上海傳到南京，怎麼傳？烽火？騎馬？「人肉」？電報？短信？都不用，直接傳微信。你可以在群裡發個消息：

上海周邊兩省一市的所有三品官員，請注意有個刺客從上海逃竄，照片如下。看到立刻捉拿。謝謝兄弟們。

從烽火臺、到驛站、到電報、到短信、到微信（當然，這中間省略了很多步驟），你看到的是什麼？科學發明？創業精神？是的。

所有這些的背後，是連接，愈來愈高效的連接。

連接，是結構改變的原動力。

烽火臺、驛站、鐵路、公路、貨櫃、電報、電話、手機、互聯網、移動互聯網、萬物互聯……連接方式不斷進步。

這些「科技感」十足的進步，到底為什麼，以及在以什麼方式，改變我們的商業世界呢？

「連接」改變商業世界的方式有兩個：空間折疊和時間坍縮。

什麼是空間折疊？因為連接的進步，兩個遠隔天涯的節點，站在彼此面前。

什麼是時間坍縮？因為連接的進步，兩個先後出現的節點，跨越時間握手。

　　因為空間折疊、時間坍縮，兩個原來被時空隔絕的交易節點，站在彼此面前，跨越時間握手，交易變得「瞬間唾手可得」。

　　讓我們一起在時間的長河裡，用宏大的視角，看看「連接」這股原動力如何主宰商業的洋流，改變交易的結構。

1 鐵路：寄郵購手冊的西爾斯

　　美國在獨立之初，是個不折不扣的農業國家，國家的發展非常落後。那時美國人從紐約到舊金山，需要乘船繞行南美洲的合恩角（Kaap Hoorn），最短的時間也要6個月。

　　1863年，第一條連接美國東海岸與西海岸的太平洋大鐵路開始修建，直到1869年完工。這條鐵路當時被譽為「世界七大工業奇蹟之一」。

　　在這條貫穿北美的大鐵路上，有一位名不見經傳的鐵路工作人員，他的名字叫理查‧西爾斯（Richard Sears），也就是後來著名的西爾斯公司的創始人。

　　理查‧西爾斯的身分，讓我想到了曾是英語教師的馬雲。馬雲因為英語好，在1995年受委託到美國催討一筆債務，那次美國之行讓馬雲成為國內最早接觸互聯網的人之一。理查‧西爾斯作為鐵路工作人員，也是美國最早了解鐵路運輸的人之一。

　　鐵路和互聯網可以比較嗎？其實完全可以。鐵路最重要的價值就是連接，互聯網也是。當年的鐵路工人和今天的互聯網從業者，其實沒有任何本質區別。

　　從1851年到1910年的60年間，美國掀起了鐵路建設高潮，年

均修建鐵路6,000多公里，僅1887年一年就修建鐵路20,619公里，創鐵路建設史上年均修建鐵路的最高紀錄。1916年，美國鐵路營業里程達到美國歷史的最高水準，約為408,745公里，約占當時世界鐵路總長度的39%，形成全美四通八達的龐大鐵路網。

這和現今中國積極地建設互聯網，是不是出奇地相似？鐵路，就是當時的互聯網。

鐵路的本質是什麼？是連接。因為鐵路這種前所未有的高速連接，空間正在被悄悄折疊。兩個很遠的人，可以迅速站在對方面前。

這種身處其中很難察覺的「空間折疊」，被西爾斯看見了。

西爾斯從「鐵路互聯網」這條洋流上，看到了什麼商機？要講清楚這個問題，首先，我們要了解一下當時的美國社會。

19世紀80年代的美國，人口只有5,600萬，其中65%生活在農村。美國鄉村的農民將農作物收成變成現金，再到當地的雜貨商店購買日用品。1891年，每桶麵粉的批發價為3.47美元，但在零售店裡的售價是7美元，加價100%。

這種「中間商賺巨額差價」的現象，在當時的美國很嚴重。農民們開展抗議活動，和中間商做鬥爭。當時美國的農村與城市相隔很遠，農村的消息閉塞，農民也非常保守，即使是商家到鄉下去賣東西，農民也擔心購買到假冒偽劣商品。

這就是資訊不對稱和信用不傳遞。

作為鐵路工人，西爾斯敏銳地意識到了鐵路這種新的連接工具蘊含的巨大價值。他似乎看到了一個可能的巨大的結構性改變，及其背後蘊藏的一個偉大機會。於是，西爾斯決定在全美的鐵路沿線，大規模地散發「郵購商品目錄」，目錄上寫著「世界上最便宜的商品，我們的貿易遍布全球」。

什麼是「郵購商品目錄」？就是一份兩頁紙的清單。你看看要買什麼，選一下，我透過鐵路，把東西寄到你家。

「世界上最便宜的商品，我們的貿易遍布全球。」這廣告語是不是有點兒像沃爾瑪（Walmart）的「幫顧客節省每一分錢」；而商品清單的做法，是不是很像馬雲最開始做的「中國黃頁[12]」？

太陽底下，其實沒有新鮮事。

在一個城市接受訂單，把貨發向全美國。「郵購」這件看起來特別簡單、特別土的事情，其實在西爾斯之前，幾乎是不可能成為有效商業模式的。為什麼？因為在沒有鐵路之前，主幹物流實在是太慢了。把商品從東海岸寄到西海岸，要花幾週，甚至幾個月。

12　馬雲夫婦以及何一兵曾經於 1995 年創辦「中國黃頁」網站。是一個英文網站，主要目的是「傳播中國新聞和中國商業信息，介紹中國企業、中國工業、中國貿易、中國文化……」，是後來阿里巴巴的靈感來源。（參考來源網址：https://kknews.cc/design/ypxa8ra.html）

但是，鐵路把整個美國的疆域「折疊」了。順著鐵路，商品幾天就能寄到。天涯若比鄰。

鐵路，透過提高連接的效率，改變了交易結構，降低了交易成本。西爾斯的郵購業務很快取得了成功。

西爾斯公司利用不斷擴大的鐵路網，進行大規模採購，並借助鐵路和郵政運輸，到後來在鄉村免費送貨和郵寄包裹，真正做到了降低商品價格。此外，西爾斯當時已經被視為一個全國性機構，幾乎是像郵局一樣的存在，相當於美國的郵政系統為西爾斯做了一定的信用擔保。

郵購模式畢竟不是面對面交易，農民們擔心收到的商品貨不對版（即商品不符），怎麼辦呢？為此，西爾斯又開創性地提出了「貨到付款」，先看貨、滿意再付錢的業務模式。

郵購清單，解決了資訊不對稱的問題；貨到付款，解決了信用不傳遞的問題。

為了進一步做大郵購網路，1893年，西爾斯搬到了鐵路運輸中樞芝加哥。1894年，西爾斯的郵購手冊的頁數，從2頁升至700頁。此時，西爾斯可郵購的商品總數，已經超過6,000件，但價格只有普通店鋪的一半。

鐵路，這種更高效的連接方式，說明西爾斯公司對農村裡

的那些雜貨店展開毀滅式的「降維打擊[13]」，甚至可以說是「屠殺」。可以想像，當時多少雜貨店會像今天傳統零售企業罵馬雲一樣，痛罵西爾斯：

你這個吸血鬼，正在摧毀實體經濟！

但是，就像我們前面說的：

高效的商業模式和高效的商業模式之間，當然會有競爭關係。但是高效的商業模式和低效的商業模式之間，不會有競爭，只會是高效逐漸取代低效，只不過是取代的速度多快、程度多深而已。

鐵路，是當時更高效的連接。更高效的連接，催生了巨大的結構性改變。而西爾斯這個偉大的公司，就誕生於這個巨大的結構改變。

創立於1886年的西爾斯，影響了好幾代美國人的生活。巔峰的時候，西爾斯的營業收入高達當時美國GDP的1%，成為美國「零售之王」。直到1989年，沃爾瑪才打破西爾斯的銷售紀錄。

---

13 把攻擊目標所處的空間維度降低，從而使目標毀滅。（參考來源網址：https://kknews.cc/science/gx2a98e.html）

$\mathcal{2}$ 公路：小鎮上的沃爾瑪

　　1962年，山姆・沃爾頓（Samuel Walton）在美國中部阿肯色州一個人口不到6,000人的小鎮羅傑斯開了一家零售店。因為姓Walton，他就把這家零售店叫作Wal-Mart。這就是我們熟知的沃爾瑪。

　　為什麼把店開到小鎮上，而不是人口密集的大城市？山姆・沃爾頓在暢銷書《富甲美國》[14]中，給出了兩點解釋：

　　一是創業初期資金緊張，沃爾頓只能在遠離城市的小鎮上開一家雜貨鋪；

　　二是沃爾頓的太太也是在小鎮上長大的，她非常希望繼續生活在民風淳樸的小鎮上。

　　我想，山姆・沃爾頓可能自己都沒有想到，這個「小鎮戰略」歪打正著，後來戰勝了在大城市中如日中天的競爭對手，比如凱馬特（K-Mart）和無比成功的——西爾斯。

　　為什麼？流量不是零售的血液嗎？大城市的流量不是遠遠大於小鎮嗎？一個小鎮青年，憑什麼打敗大城市的高富帥？沒錯，

14　Sam Walton, Made in America: My Story，繁體版《富甲天下》（足智文化 2018 年出版）。

但這些都是表面。表面之下，商業的洋流已經開始轉向，悄悄流向了一個更高效的地方：公路。

1956年，在美國總統艾森豪的大力推動下，美國政府頒布了《聯邦公路資助法》，同時建立了聯邦高速公路信託基金，對高速公路建設提供大量撥款。20世紀50年代初到70年代末，美國高速公路平均每年建成3,000公里。20世紀80年代後期，美國高速公路網已基本形成。

而幾乎同期，也就是大約從1940年到1979年，美國的乘用車註冊數量從3,235萬輛增至1.5億輛。戶均汽車數量從1947年的1輛增長至1979年的2.5輛。大部分美國家庭至少擁有兩輛私家車。

公路和公路上跑的汽車，使美國開始被稱為「車輪子上的國家」。這在商業上意味著什麼？意味著一種更高效的「連接」出現了。在這種新的連接方式下，一場巨大的結構改變帶來的偉大機會，正在出現。

公路的本質是什麼？沒錯，還是連接。因為公路這種通往毛細血管的連接，空間又被進一步折疊。大城市和小鎮的人，可以瞬間站在彼此面前。

開在小鎮的沃爾瑪，因為遠離大城市，可以用很便宜的價格租到一大片地方。地方大，於是可以提供更齊全的商品；地方便宜，於是可以提供更便宜的商品。

而另外一邊，因為有了公路和汽車，小鎮上的一家人，當然也包括小鎮周邊的農村，甚至是城市郊區的一家人，可以在週末的時候，開著一輛小汽車，沿著四通八達的公路，行駛幾公里乃至幾十公里，來到沃爾瑪採購這些又全又便宜的商品。

沃爾瑪成功了。「更全、更廉價」的沃爾瑪大受歡迎。大城市的消費者，被公路瞬間「折疊」到小鎮。

在此後多年的擴張中，沃爾瑪的根據地一直都是人口低於一萬的小鎮。

公路的鋪設和汽車的普及，是沃爾瑪「小鎮戰略」成功的關鍵。但是其實它的成功，還有兩個「神助攻」：冰箱和電視。

在1930年至1941年間，冰箱在美國的銷量從190萬台一下子增加了2,000萬台。這意味著什麼？這意味著美國人民在沃爾瑪超市買了滿滿一手推車的商品（順便說一句，超市手推車是在1937年被發明出來的），塞了滿滿一車後備廂，然後開車回家，再放滿滿滿一冰箱。

超市手推車→汽車後備廂→家裡的冰箱，這一條「食物鏈」，讓美國人民可以一次性買一週的食品，把日購的行為變為週購的習慣。

那麼，電視呢？

1950年至1963年，美國擁有電視機的家庭占比從9%增長到

91.3%，到了1978年，這一比例上升到98%。透過電視，小鎮居民認識了各式各樣的全國性品牌。他們認識到，只要是同一個品牌，在超市和百貨中心，買到的其實都是一樣的。沃爾瑪顯然更便宜，我為什麼還要去百貨中心呢？

當然，關於「便宜」這件事，除了因為身處小鎮，沃爾瑪也是「拚了命」的。它連5美分的電話費都不願意出，要求供應商要嘛給沃爾瑪設立一個免費的專線電話，要嘛報銷電話費。它腰斬式的砍價，讓很多供應商非常恐懼。它對員工也是出了名的苛刻。沃爾瑪透過極致的管理，把配送成本降到銷售額的3%，後來更是降到1.3%，遠低於凱馬特的8.75%和西爾斯的5%。

最後的結果，就是沃爾瑪那句著名的對消費者的承諾：天天低價。

沃爾瑪對美國小鎮的影響有多大？美國公共電視臺曾播放過一部紀錄片，講述很多美國小鎮都遇到過的一個棘手問題：

沃爾瑪要來了！

沃爾瑪不僅會改變一座小鎮的商業生態，甚至對當地的文化風俗都會造成巨大衝擊。在沒有沃爾瑪之前，這些小鎮的交易網路是零碎、鬆散的，居民購物會到身邊的雜貨店，商品不全，品質難保證。沃爾瑪的貨架上琳瑯滿目地呈現出成千上萬種全國性品牌商品，而這些商品透過電視媒體早已為小鎮居民所熟知，這

在很大程度上更好地解決了交易中的資訊不對稱和信用不傳遞問題。

面對沃爾瑪，競爭對手可能在家給沃爾頓「扎小人」：

你這個吸血鬼，正在摧毀實體經濟！

但是，直到2019年，沃爾瑪依然是《財富》世界五百強排名第一的企業，一年營收5,144億美元。排名第二的中國石化，年營收4,146億美元。兩者相差1,000億美元。而那些不在洋流上的企業，早已隨著罵聲消亡。

中國實踐：要致富，先修路

在中國，有一句話，我說上半句，你一定能說出下半句：

「要想富……」

然後呢？沒錯，是：

「先修路。」

「要想富，先修路」這句話耳熟能詳。在過去，很多農村的土牆上都刷著這六個大字。必須承認的是，「要想富，先修路」代表著一種非常樸素，也極其通透的商業智慧。

可是，為什麼要致富，就要先修路呢？

相信你現在已經明白了。那是因為，修路這件事，順應了商業的洋流方向，提高了「連接」效率。

舉個例子。

在大城市邊上，有個平庸的酒廠。雖然平庸，但是因為離大城市近，所以生意一直都不錯。這家酒廠的老闆是一位非常優秀的企業家，注重產品品質，也注重管理，員工福利很好，他也很有社會責任感，常年被評為「優秀企業家」。

而在一個偏遠的小鄉村，有一戶人家，那酒釀得是真好，十里飄香。但是這個村子只有十里，飄不出去。所以，只有本村人才能喝到這麼好的酒。

然後，中國開始「要想富，先修路」了。其本質，就是把偏遠的生產項目連接到全國的交易網路裡面來。這樣使很多人認識了這戶釀酒的人家。哇！這酒也太好喝了吧？用什麼罈子裝啊，我幫你裝瓶，幫你擴大產能，幫你賣到全中國的超市裡去。這戶人家的酒愈賣愈好。

因為這些優質的生產項目的介入，整個中國商業世界的交易結構開始悄悄地發生變化。而那個大城市邊上的平庸酒廠，生意愈來愈差。那位企業家很難理解這件事：難道是我最近對品質放鬆了？難道是我對員工不好，他們不認真幹活了？都沒有啊！

他開始研究。最後他發現，原來是有一群「壞人」把公路修到了鄉村。後來記者採訪他，問最近怎麼回事啊，酒廠遇到了很大的問題。他咬牙切齒地說：

「公路，正在摧毀中國的實體經濟！」

這句話聽起來是不是特別熟？就像今天很多人說，互聯網正在摧毀中國的實體經濟一樣。互聯網和鐵路、公路一樣，從來不會摧毀實體經濟。互聯網就是實體經濟。

互聯網不會生產一雙鞋子、一雙襪子，這些還是工廠來生產。互聯網和鐵路一樣，幫助最好的生產者用最有效的辦法，連接最需要的消費者，從而改變交易結構，降低交易成本、提高商業效率，創造更多財富。這就是一股從不回頭、堅定而不容爭論的洋流。

中國的實踐同樣告訴我們，連接就是改變交易結構、降低交易成本、推動商業進步的最底層的原動力。

在中國文化中，有這樣兩個詞：「窮鄉僻壤」和「老少邊窮」。「窮」這個字是和「僻」、「邊」放在一起的。為什麼？因為「僻」和「邊」說明交通不暢、道路不通。

沒有高效連接的地方，就會「窮」。

3 海運：貨櫃改變世界

貨櫃對世界的影響，絕對不亞於鐵路、公路，以及互聯網。

著名經濟學家馬克‧萊文森（Marc Levinson）在《貨櫃與航運》（The Box）一書中，用整本書的篇幅，為我們介紹了一名卡車司機——瑪律科姆‧麥克萊恩（Malcom Mclean），他折疊了海洋。

提起卡車司機，你是不是立刻想到了鐵路工人西爾斯和英語教師馬雲？他們的職業都那麼不起眼，但就是他們，在平凡的工作中，運用非凡的洞察力，看到了暗潮洶湧的「洋流」。

用卡車在高速公路上拉著大鐵箱子來回跑，這個成本愈來愈高。能不能不要全程都走高速公路，在有河流或者海洋的那一段，用更便宜的水路來拉這些箱子，然後在下一段，再換回卡車送到目的地，是不是可以降低一些「運輸成本」呢？

在麥克萊恩有這個想法之前，當時的船運主要是散船，就是一包一包的東西，由碼頭工人從一個碼頭搬上船，運到另一個碼頭，再由那裡的碼頭工人搬下船。散船運不了太多貨，而且需要很多工人，所以船運的成本一直很高。

還記得嗎？這個運輸成本會作為「賣家支付的交易成本」，

計入商品價格。用這種方式來運輸，每噸啤酒的運費大約是4美元，太貴。而且，這些碼頭工人再強壯，也不可能背得動卡車後面的拖箱。

我能不能不要碼頭工人？他們太貴。我能不能直接用吊車，把大鐵箱子從卡車吊上船，到下一個碼頭後，再用吊車吊上卡車呢？這樣，卡車、輪船不就聯運了嗎？工人不也省了嗎？

這就是「貨櫃」。麥克萊恩打算用這個聽上去天方夜譚的想法，折疊海洋。

雖然被很多人嘲笑，他仍然堅持嘗試。1956年，麥克萊恩完成了貨櫃的首航（這一年，美國政府頒布了《聯邦公路資助法》）。1970年，貨櫃的大小確立ISO（國際化標準組織）標準，全球貨櫃運輸的時代到來。

這種用卡車、貨櫃、吊車、平板輪船的海運方式，運輸成本能降低多少呢？

回到前面提到的啤酒。現在，一噸啤酒的運費，從4美元降低到20美分，只有原來的5%。這是一個數量級的下降！

在過去，每運輸100元的東西，成本可能就高達25元。而現在，因為貨櫃，把一台iPhone從深圳蛇口運到韓國釜山，只需要3分錢人民幣！

那麼，貨櫃折疊海洋，帶來了什麼偉大的商業機會呢？

帶來了全球化。

因為這便宜到幾乎可以忽略不計的運輸成本,世界各國才能把各種原材料、半成品、現貨等,在各國之間運輸,再加工或者銷售。

可以說,如果沒有貨櫃海運,就沒有全球化。甚至可以說,沒有貨櫃海運,就沒有中國的「世界工廠」地位。貨櫃海運,再一次提升了人類社會的「連接」效率。當然,也再一次遭遇了低效連接的抵抗。

很多靠體力背貨的碼頭工人開始抵制貨櫃,甚至有些地方,孔武有力的碼頭工人占領了碼頭,和船運公司談判。最後,船運公司妥協了,答應分享貨櫃運輸的利益給工人,才平息了這些風波。

從鐵路、公路,到貨櫃海運,再到後來的航空運輸,甚至是航太運輸,全球商業的連接效率愈來愈高,交易成本愈來愈低。

讀到這裡,你是不是想起來一個人?伊隆‧馬斯克(Elon Musk)。

2018年2月,伊隆‧馬斯克的SpaceX公司發射了一枚重型火箭「獵鷹號」。激動人心的不是發射火箭,而是發射完之後,火箭的助推器居然飛回了地面,成功降落回收。

你開一輛計程車,把乘客從人民廣場送到火車站。送到之

後，車要不要開回來？當然要。如果每送一個客人，就要扔掉一輛計程車，那你家裡得有多大的「礦」啊。

我們都知道，這之前送完衛星的火箭，都是脫離衛星後自行墜毀。伊隆‧馬斯克說：我要「重複使用」火箭。也就是把這輛「計程車」開回來。很多人嘲笑他癡人說夢，但是隨著「獵鷹號」助推火箭的回收，伊隆‧馬斯克「吹的又一個牛」實現了。

重複使用火箭能節省多少運輸成本呢？我們今天還沒有確切的數字。但是，可以分享兩個已知的數字給大家參考：

1. 回收的火箭，可以最多重複使用100次；
2. 發射成本5,400萬美元中，只有20萬美元是燃料費用。

伊隆‧馬斯克在航太運輸領域，嘗試做和鐵路、公路、貨櫃海運一樣的事情：降低交易成本。而這些交易成本的降低，無一例外地遭遇了嘲笑，甚至抵抗。但是，他們也無一例外地從抵抗上碾壓過去。

商業世界進步的方向，就是交易成本降低的方向，不可能回頭。

✓ 電報：第一條資訊高速公路

如果我們把兩個交易節點之間的連接叫作「路」的話，那麼這個路有兩種：一是物理世界裡的路，比如鐵路、公路、貨櫃背後的航路；二是資訊世界裡的路，比如電報。

電報，是人類第一條資訊高速公路。

1825年2月，薩繆爾・摩爾斯（Samuel Morse）正在華盛頓為市政府作畫。有一天，他收到家人寄來的信，說他的妻子即將分娩，身體狀況不是很好。

「妻子正在分娩，身體狀況不是很好。」這樣簡單的資訊，透過寄信這種辦法連接發送者和接收者，等傳到摩爾斯手中時，已經有了好幾天的「時差」。摩爾斯馬上準備返回康涅狄格州的家。臨行前他又收到父親的信，說他的妻子正在康復，但是摩爾斯繼續往回趕。6天後，摩爾斯回到家中時，發現妻子已經去世了。

時差，就是寄信那幾天的時差，摩爾斯沒能見到妻子的最後一面。

摩爾斯非常痛苦。他認為，這個悲劇，是資訊世界的連接效率太低導致的。他化悲痛為力量，研究如何用更高效的連接方

式，消滅時差，讓他可以和6天前的資訊瞬間握手，讓悲劇不再發生。12年後，也就是1837年，摩爾斯終於發明出一種新型的電報機。電報，就是把要傳送的資訊編碼，透過一根長長的電線，跨越城市，從一頭傳到另一頭。這套用於電報的、給資訊編碼的系統就是著名的「摩爾斯電碼」，也稱「摩斯電碼」（Morse code）。

1843年，美國國會贊助了摩爾斯3萬美元，由此建立了從華盛頓到巴爾的摩之間長達64公里的電報線路。1844年5月24日，在華盛頓國會大廈聯邦最高法院會議廳，摩爾斯激動地發送了人類歷史上的第一封長途電報，內容是《聖經》中的一句話：「上帝創造了何等的奇蹟！」（What hath God wrought！）

因為有了電報，讓摩爾斯遺憾終身的那6天時間，坍縮成了瞬間。

我還記得我小時候，家裡有什麼緊急的事情要通知遠房親戚，家人就會衝到郵局，填一張電報單。對方郵局收到電報後，列印出來，郵遞員騎個小車到親戚家，一邊騎車一邊吆喝：「有電報，有電報！」過去皇帝才能做到的「八百里加急」就在發報人和郵遞員的配合之下做到了。

瘋狂的摩爾斯只是開了一個頭。十幾年後，一個比他更瘋狂的人出現了，他就是美國實業家、風險投資家塞勒斯‧菲爾德

（Cyrus Field）。菲爾德想跨越大西洋，在歐洲的愛爾蘭和美洲的紐芬蘭之間，鋪設一條用來發電報的電纜。

愛爾蘭和紐芬蘭之間有多遠？3,000多公里。

在有電報之前，一則資訊透過輪船「運輸」到大洋彼岸，要30天時間。你再回覆一句「我收到了」，又要30天。

菲爾德比摩爾斯更瘋狂，他想用跨越大西洋的電報，把這60天的時間，也坍縮為瞬間。大家都覺得菲爾德瘋了，摩爾斯也直搖頭，覺得這不可能。

然而，菲爾德卻以令人難以置信的熱情和精力投入這項事業。在英國，短短幾天，他就募集到了35萬英鎊的投資。英國政府為菲爾德提供了皇家海軍最大的戰艦之一「阿伽門農」號，而美國政府提供了排水量5,000噸的戰艦「尼亞加拉」號。這兩艘當時最大噸位等級的艦船經過特殊改裝，才各自能裝下跨洋電纜的一半。因為單是整條跨洋電纜的重量，就遠遠超過當時任何一條船舶的載重量。

1857年8月5日，菲爾德的鋪設船隊從愛爾蘭起航，包括摩爾斯在內的業界專家都在船上，即時監測鋪設情況。「尼亞加拉」號像蜘蛛吐線一樣，一邊小心翼翼地緩緩向前移動，一邊在後面用絞盤放越洋電纜。電纜的一頭固定在愛爾蘭，船上的專家時刻與愛爾蘭的陸地保持聯繫，以確保電纜沒有斷裂。

　　意外還是發生了，8月11日晚上，在成功鋪設355海浬後，絞盤發生故障，已經鋪設的電纜像斷線的風箏一樣全掉進了海裡。

　　菲爾德失敗了。沒事，再來。

　　菲爾德屢敗屢試。終於，9年後，也就是1866年，菲爾德的第5次嘗試終於成功了。

　　我捫心自問，10年間失敗4次，我還會不會嘗試第5次？我不知道。但是真正閃耀的人類群星不會放棄。褚威格在那本著名的《人類群星閃耀時》一書中，記錄了菲爾德永恆的高光時刻。

　　因為有了電報，幾十天時間，真的坍縮為瞬間。

　　但是，費盡千辛萬苦建成的海底光纜，到底有什麼用？只是用來讓女王向屬地發出問候的嗎？當然不是。電報的普及，很快就廣泛應用在商業上，催生了一批商業電報公司。商人們，終於找到了一個「青龍偃月刀」式的武器，戰勝「資訊不對稱」這條惡龍。19世紀50年代，1/3的電報都與商業相關。而在倫敦，超過一半的電報，都與股票交易相關。

5 互聯網：井噴一般的偉大機會

什麼是互聯網？是更高效的連接，是「連接」這股洋流突然升騰起的巨浪滔天。互聯網，是目前連接的最有效形態。

1984年，我在南京讀小學。有一次，我在語文課本的延伸閱讀裡讀到一篇文章，說美國人發明了一種神奇的爐子，用這個爐子熱飯，飯熱了碗不熱。

這引起了我這個「好奇寶寶」極大的興趣。我百思不得其解。怎麼可能？怎麼可能飯熱但是碗不熱？難道不是應該碗先熱，然後飯才被碗加熱嗎？是不是寫錯了？這個問題困擾了我很久。直到很多年後，我才知道，這個美國人發明的，是微波爐。

在那個時代，一個簡單的資訊不對稱，可以存在好多年。

那今天呢？

今天我聽說，有一種塗料，噴在建築物上能抗9級地震。這是什麼啊？我一邊好奇，一邊打開搜尋引擎，瞬間就得到了答案。

2020年，這個「答案」離我的距離，是「瞬間」。

互聯網，這種比電報更高效的連接，把「幾年」的時間，坍縮為「瞬間」。

如果說鐵路、公路、貨櫃是物理連接，電報、互聯網，就是

虛擬連接。

物理連接，傳遞物質，拉近距離，造成空間折疊；虛擬連接，傳遞資訊，縮短時差，造成時間坍縮。

2020年春節，中國正在經歷新型冠狀病毒的疫情。而我取消了去印度的遊學，取消了去青島的參訪，在書房寫書。寫書的間隙，我也會關注一下疫情的進展。依然很嚴峻，但好消息是，大家都在全力以赴。

我的一位好朋友，暢銷書《拆掉思維裡的牆》的作者古典躬身入局，和他7個人的小團隊，一個沒有海關資源、沒有外貿資源的團隊，就在北京，透過互聯網，從俄羅斯買了38萬元的物資，寄送給在武漢奮戰的前線醫護人員。

這在沒有互聯網之前，完全無法想像。透過互聯網，一家俄羅斯廠商有醫療物資的資訊，瞬間對稱給了古典。

我深受鼓舞，對古典老師說，俄羅斯廠家還有多少醫療物資，需要錢嗎？古典說，他還缺50萬元，就可以從這家俄羅斯企業手上，買走他所需要的所有醫療物資。我說好的，我來試試。

當天晚上，我透過我的微信公眾號「劉潤」（runliu-pub），向在互聯網那一頭的60多萬讀者發出請求：如果你們願意，可以捐一點錢，透過上海宋慶齡基金會這個合法可信的機構，請我信任的古典老師受累，從海外購買醫療物資，送到前線。我帶頭捐5

萬元。

這在沒有互聯網之前，完全無法想像。透過互聯網，古典老師需要資金購買物資的資訊，瞬間對稱給我的60多萬個讀者。然後呢？

然後，50萬元，不到1小時就捐滿了。當晚，古典老師的團隊就開始增加採購。

這就是互聯網的力量。以小時為單位變化的疫情，遭遇了以分秒為單位的互聯網。這種網聚人的力量的效率，歷史上從未有過。

而我，其實真的沒做什麼。我只是在寫書的間隙，連接了一下大家。這件事之所以能發生，是因為連接效率從來沒有這麼高過，交易成本從來沒有這麼低過。這種從未有過的連接效率，帶來了前所未見的結構改變，正在或已經孕育無數的偉大機會。

阿里巴巴、百度、騰訊、京東、小米、美團、拼多多、攜程、雲集、得到……數不勝數的偉大機會，像火山一樣噴發出來。它們為什麼能創造如此難以想像的奇蹟？本質上，它們都是坍縮時間的「資訊交易平臺」。

因為它們，資訊的交易成本斷崖式下跌。因為它們，資訊不對稱的惡龍，痛恨自己生錯了時代。

市場上100本關於商業的書籍，大約有80本在寫這些公司。

在讀這些書的時候，建議你忽略這些企業創始人的「創業維艱」「真理時刻」「起死回生」，只關心一件事：

　　他們是怎麼專注「連接」帶來的巨大的結構性改變，創造性地降低交易成本的。

6 萬物互聯：洋流的下一個方向

那是不是互聯網帶來的所有偉大機會，都已經井噴結束了呢？

並沒有。因為只要連接的效率可以進一步提高，交易結構就會繼續巨變，新的偉大機會依然會不斷浮現。

比如萬物互聯。

2013年，我開始擔任海爾的集團戰略顧問。有一次，我密集地見了很多部門高管，其中包括洗衣機事業部的總經理。當時張瑞敏（海爾內部稱「張首席」）給所有海爾高管下了一個死命令：以後不能上網的設備，一律不准出廠。洗衣機事業部總經理就和我探討洗衣機怎麼上網，上網有什麼用。

我說，這太有用了。我今天把我身上這件白襯衫扔到洗衣機裡面，又把我太太那件紅外套扔進去了。如果洗衣機能上網，這時候，它會提醒我：對不起，這兩件衣服不能一起洗。

稍微有點生活常識的你一定知道，白色的襯衫和紅色外套最好不要放在一起洗。為什麼？萬一紅色外套掉色呢，那我的白襯衫不就毀了嗎？這是常識。問題是，洗衣機是怎麼知道的呢？

所有的衣服上，都有一個小布頭，縫在衣服裡面，上面記錄

衣服的品牌、質地、顏色、洗衣水溫、可否乾洗等資訊。

現在有一種技術，叫RFID（Radio Frequency IDentification，無線射頻識別系統），一個像線圈一樣的小晶片，不怕水，也不用插電，被動感應式，上面可以記錄關於這件衣服的所有資訊。這個晶片也愈來愈便宜。你把這個小晶片縫在小布頭裡面，把衣服扔進洗衣機。

滾筒洗衣機的筒口，可以做成RFID識別器。然後，就像用悠遊卡或一卡通坐公車、捷運一樣，嘀的一下就識別了，洗衣機內置語音說：「這是一件白襯衫，這是一件紅外套，請不要放在一起洗。」

挺有用。那我就把我的白襯衫拿出來，先洗我太太的紅外套吧。這時候，洗衣機又對我說：「對不起，這件紅外套已經洗12次了……最近這件外套打折，你要不要幫她買件新的？」並給我推送了衣服的連結。

你看，這時候，洗衣機已經不再是洗衣機，它已經和服裝業、零售業連在一起了。這就是萬物互聯。

然後，我把我的西裝扔進洗衣機。我的洗衣機告訴我：「對不起，西裝是不能水洗的。離您家最近500公尺，有一家乾洗店，洗一套西裝只要39元，你點一下『確認』，乾洗店的小帥哥將會在15分鐘內上門，取走這件西裝。你要不要點一下確認？」

你看，這時候，這台洗衣機已經和服務業連在一起了。這就是萬物互聯。

萬物互聯，讓資訊在家電業、服裝業、零售業、服務業之間，完全沒有時差地傳遞。在未來，萬物之間的資訊交易時間，都將逐漸坍縮為瞬間。

到底是誰定義了行業的邊界？是連接的效率。我往前衝一衝，你再往回擋一擋。這樣，我們就逐漸「打」出來一條行業的邊界。這條邊界的兩邊，我做這件事情的效率比你高，你做那件事情的效率比我高。

但是，現在連接效率提升，萬物互聯，家電產業可以和零售業、服裝業、服務業連接在一起，行業的邊界開始模糊。交易結構正在發生巨大的變化，新的機會開始湧現。

2018年，海爾率頭成立全球首個衣聯網生態平臺。2020年，在美國的CES（Consumer Electronics Show，消費電子展），海爾展出了這台基於「衣聯網」的洗衣機。

5G的普及更是加速了萬物互聯的到來。除了海爾之外，華為和小米也把船頭調整到了「萬物互聯」這個洋流的方向。

我們家接入米家App的智慧產品已經有100多個。室內溫度計檢測到室溫下降，可以自動打開暖氣；空氣檢測儀檢測到PM2.5升高，可以自動打開新風機；攝影機可以拍下門口人的移動，並發

送到我手機上；手機拍的照片，可以隨時同步到電視……等等。

有一次，有個朋友想送我幾台非常好的新風機，但我婉拒了。因為他的新風機無法接入我的米家App，無法和其他設備連動。那一刻，我突然感到有些「害怕」，萬物互聯的網路效應已經初步體現。連接本身已經成為我的需求。

萬物互聯這一波結構改變所帶來的商業機會才剛剛開始，還遠遠沒有噴發。

你打算做些什麼？

小成就靠刻苦努力，大成就必須順勢而為。

在變化莫測的商業之海裡，在不斷優化的交易結構裡，其實有一條暗藏的洋流。只有看清這條洋流，才能預測商業的方向，把船頭調整到面向趨勢。

這條洋流，叫作「連接」。

烽火臺、驛站、鐵路、公路、貨櫃、電報、電話、手機、互聯網、移動互聯網、萬物互聯……這條洋流，只會堅定地流向效率愈來愈高的方向，降低交易成本，提升商業效率，推動商業文明。

那萬物互聯之後呢？也許是腦機互聯……誰知道呢。也許，這就是伊隆‧馬斯克在特斯拉、SpaceX之外，創立NeuraLink這家研究把人的大腦和機器直接互聯的公司的原因吧。

連接，是結構改變的原動力。

講完「商業到底是什麼」，以及商業之下的「愈來愈高的連接效率」這條洋流是如何推動交易成本降低的，下面我們就可以順著這條洋流，回答本書的第三和第四個問題：

商業從哪裡來？商業到哪裡去？

我們從下一章開始。

PART 3

線段型商業，
商業世界的第一次進化

1 網路密度與商業進化

　　順著商業的洋流「連接」往上游看。我們試著回答本書的第三個問題：

　　商業，從哪裡來？

　　要理解這個問題，需要引入一個稍微有點費解的概念：網路密度（Network Density）。請看圖3-1。

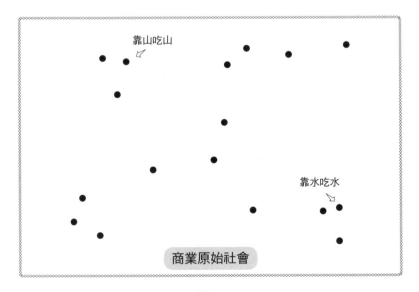

圖3-1

　　這是一張沒有連接的網路圖，展示的就是商業最開始的狀態，我稱之為：**商業原始社會**。

　　我出生在山裡面，我也死在山裡面。我是獵人，我爸爸是獵人，我兒子估計還是獵人。我們家世世代代都是獵人，靠山吃山。我們家和外面的世界「老死不相往來」。

　　我們可能永遠不會知道，這個世界上還有一戶人家，世世代代靠水吃水。他們永遠吃不到我們家打的野兔子，我們當然也永遠吃不到他們家捕的魚。

　　我們都是一個孤零零的與外界沒有連接的「交易節點」。

　　這張圖上的17個點，每個點都是一個「與外界沒有連接的交易節點」。在數學上，我們稱之為：

　　網路密度為零。

　　什麼叫網路密度？通俗地講，就是這些交易節點之間「實際連接數」和「可能連接數」之比。用公式表示就是：

　　網路密度=實際連接數/可能連接數

　　這17個節點之間，最多可能有多少個連接？

　　每個節點都最多可以與另外16個節點有一條連接，所以，最多能有（17×16=）272條連接。考慮到A連B和B連A是同一條連接，所以再除以2，那麼17個節點之間，最大的「可能連接數」就是（272/2=）136條。

看不懂沒關係。我把公式放在這裡，你知道這個演算法就行：

可能連接數＝〔交易節點數×（交易節點數–1）〕/2

在「商業原始社會」，交易節點之間的「實際連接數」為0，可能連接數為136。那網路密度是多少呢？（0/136＝）0。

網路密度為0，沒有任何連接，沒有任何交易，這就是為什麼我稱之為「商業原始社會」。

如果我們一定要計算一下打獵的你和捕魚的他之間的交易成本的話，因為沒有連接，因為網路密度為零，所以你們之間的交易成本為：無窮大。

商業原始社會：

網路密度＝0

交易成本＝∞

因為農業的出現和發展，人類開始聚集定居，一個個小村落開始形成。小村落裡的幾戶人家開始有了連接。連接帶來了交易的可能性，於是，小村落裡開始出現了分工。男耕女織，每個人做自己擅長的事情，然後互相交易。

這就是「小農經濟」。（見圖3-2）

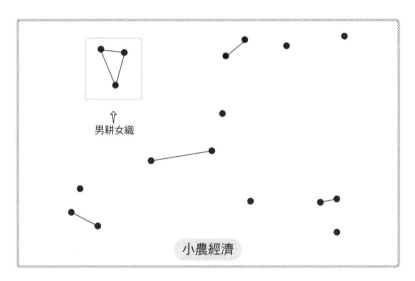

圖3-2

以村落、家族為單位的小小的「交易結構」開始形成。小範圍的閉環，讓一個宗族可以其樂融融，自給自足。那麼，這個「小農經濟」的網路密度是多少呢？我們來算一下。

首先，數一數這張圖實際有多少條連接？7條。剛才說過，17個節點之間，最多的可能連接數是136。

網路密度=實際連接數/可能連接數

所以，這張圖的網路密度是（7/136=）5.1%。

從0到5.1%，這就是從商業原始社會向小農經濟的進化。

商業的本質是交易，交易依託於連接。連接效率愈高，交易

成本愈低。網路密度愈高，連接效率自然也就愈高。

從商業文明開始，在第一章我們往前一步，追溯到了「交易成本」，第二章我們繼續往前一步，追溯到了「連接效率」，從這一章開始，我們還要往前一步，探究「網路密度」這個商業進步真正的根源。

你會發現，用網路密度的視角，可以一下子看清楚商業從哪裡來，並且能預測商業到哪裡去。

從小農經濟開始，商業密度繼續增加，會出現什麼樣的商業文明呢？會出現「線段型商業文明」。（見圖3-3）

兩個交易節點之間的連接，是連接的最基本形態。但是，這種最基本的連接有個前提條件，就是賣方出售的東西，正好是買方需要的。

比如，你織了一匹布，在家門口賣。我過來買，是因為我正好想做件衣服。不管我是拿雞蛋跟你換的，還是拿錢跟你買的，都因為你是生產者，我是消費者，我們倆之間需求正好匹配。

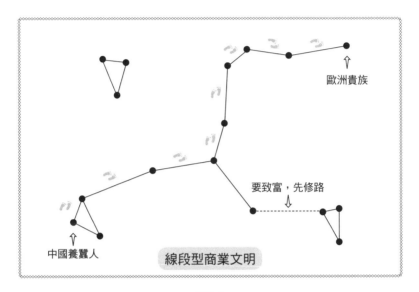

歐洲貴族

要致富，先修路

中國養蠶人

線段型商業文明

圖3-3

　　但是，如果遠在天邊的一戶人家也想買布來做衣服，不過他們家門口沒有織布的，怎麼辦？他們也很想從千里之外的你手上買布，怎麼辦？

　　因為太遠，你們之間沒有直接的連接，無法一次性完成交易。這時候，你們之間就需要一個或者多個橋樑，橋樑從你手上買布，並不是打算給自己做衣服，他們單純地只是想用更高的價格賣掉。因為他們的存在，一次交易就像接力跑一樣，被拆分成很多次交易，首尾相連。

　　這就是「線段型商業」。一個個首尾相連的連接，一次次承

上啟下的交易，最終促成了一次生產者和消費者之間的價值交換。

這張線段型商業文明的圖，網路密度是多少呢？數一數，實際連接數是17，可能連接數是136。

所以，這張圖的網路密度是（17/136=）12.5%，遠大於小農經濟的5.1%。

線段型商業，也是商業世界第一次真正的進化，因為從此這個世界上出現了一群既不是生產者，也不是消費者的人群：商人。

商人的價值，就是成為中間節點，在生產者和消費者之間接力，就是把因為沒有連接而導致的「無窮大」的交易成本，降為雖然大但有限的金額，比如10,000元，然後透過競爭繼續降為1,000元，100元。這就是「線段型商業文明」。

然後呢？

然後商業世界的網路密度繼續增加，有一些交易節點因為天然的地理優勢、政策優勢、技術優勢，成為超級節點。這種不斷增強的「超級節點」，把商業文明帶到下一個時代：中心型商業文明。（見圖3-4）

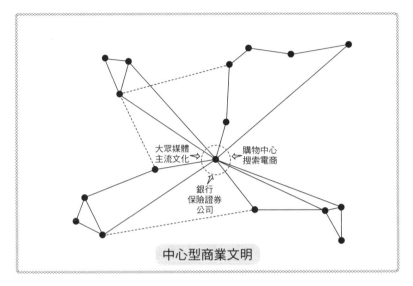

圖3-4

　　2019年，我去了兩次大理。人們常說，一個人的麗江，兩個人的大理。很多人到這個地方享受偏遠帶來的寧靜。

　　但是，你知道嗎？這個今天人口只有62萬（和上海市長寧區人口差不多）的西南小城，在8~13世紀時，卻是整個東南亞最大的城市，一點兒都不寧靜，熱鬧非凡。

　　為什麼？因為它是當時整個東南亞國際交易網路的中心。所以，大理又被稱為「亞洲十字路上的古都」。後來海運開始發展，連接大規模增多，「超級節點」開始從內陸城市遷移到港口。

　　為什麼古代繁華的城市，都是大理、洛陽、西安（長安）這些內陸城市？因為古代「空間折疊」的主要工具是馬車，所以這些城市成為超級節點，風華絕代。在古代，中原就是繁華的代名詞。

　　為什麼今天繁華的城市，都在東南沿海？因為現代國際貿易「空間折疊」最主要的工具是海運，所以上海、天津、香港這些靠海的地方，很容易成為超級節點，星光燦爛。

　　為什麼今天最牛氣（形容驕傲的神氣）的公司，都是互聯網公司？因為當今「時間坍縮」最主要的工具是互聯網。在互聯網時代，大部分連接已經不需要借助鐵路、公路、海運，而是直接在虛擬世界連接。虛擬世界構建連接的邊際成本幾乎為零，所以很容易出現「超級超級節點」，風光無限。每個掌握「超級超級節點」的企業，如百度、阿里巴巴、騰訊等，其連接價值甚至會超過一個城市群，或者若干個國際港口。

　　回到中心型商業文明圖：圖裡的連接，已經從商業原始社會的0，增加到小農經濟的7，再到線段型商業的17，最後到現在中心型商業文明的24。

　　這張圖的網路密度是（24/136＝）17.6%。（見表3-1）

表3-1

示範數據	商業原始社會	小農經濟	線段型商業文明	中心型商業文明
實際連接數	0	7	17	24
可能連接數	136	136	136	136
網絡密度	0	5.1%	12.5%	17.6%

連接愈進化，網路密度愈高，商業文明愈發達。

今天，我們正身處「中心型商業文明」時代。我們享受，我們痛苦；我們奮進，我們抗拒；我們激動於參與了時代的變化，但又害怕時代變化得太快。我們問自己：中心型商業文明會是商業文明的終極形態嗎？

很幸運也很不幸，不是。

中心型商業文明是網路密度提高到一定程度的產物。但是，隨著愈來愈多麥克萊恩（貨櫃的發明者）、摩爾斯（電報的發明者）這些「盜火者」的出現，隨著他們把愈來愈多的火種（新的連接科技，比如萬物互聯、區塊鏈、腦機互聯[15]）帶到商業文明，網路密度還會進一步增加，商業文明的進化不會停止。

然後我們就會發現一個有趣的現象：

15　brain-computer interface，簡稱 BCI。

　　網路密度增加，會帶來超級節點；網路密度的進一步增加，
會消滅超級節點。

　　這就像以前家家都沒有電視，你家有，你就成了街坊鄰居的
超級節點。後來每家都有電視了，大家開始回家看電視，超級節
點被消滅。

　　於是，我們開始從「中心型商業文明」，進化到「去中心型
商業文明」。（見圖3-5）

　　這是一個看似倒退的進步。

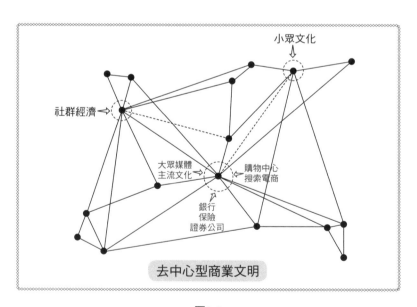

圖3-5

1991年，葉倩文出了一首歌，叫《瀟灑走一回》。好吧，暴露年齡了。但是我不得不說，這首歌我一輩子也忘不掉。

為什麼？因為出門，商場裡在放；回家，電視裡在放；打開廣播，電臺也在放。在那個年代，一首歌要是火了，就真的是國民級的火爆。我們能選擇的媒體很少，有限的媒體都是超級節點，一旦放這首歌，這首歌就無人不知，歌手也會無人不曉。這就是中心型商業文明下的「流行」。

但是，現在我給你一個名單，請你告訴我，他們是誰：

肖戰、張若昀、朱一龍、王一博、李現、楊紫、鄧倫、羅雲熙、許凱、金瀚

你知道誰？說實話，我只知道楊紫，因為那部《家有兒女》。我還聽說過李現，但是名字一直沒能和臉對上。其他人就一概不知了。

你如果是個90後或者00後，這時候可能要驚掉下巴了。天啊，他們那麼有名，你怎麼可能不知道？都互聯網時代了，消息這麼便利，你怎麼還這麼閉塞啊？

其實，恰恰是因為互聯網時代了，我才會不知道他們。或者這麼說，恰恰是因為互聯網更深度的連接，帶來了很多「副中心」，讓一個個小圈子不用連到所謂的「超級節點」就可以形成完整的生態，我才「有機會」不知道他們。

我在我的副中心的小圈子裡自娛自樂，你在你的副中心的小圈子裡如癡如醉。這就是「去中心型商業文明」。

這些明星就是一個個副中心。有些副中心比較大，有些副中心比較小。但是不管大小，在他的圈層裡大浪滔天，覺得天下無人不知的事情，在圈層之外，風平浪靜，無人問津。

再舉個例子。

你們公司發布了一個新產品，大家都特別激動，所有員工都在社群間轉發。那一刻，你的社群被你們公司發布新產品的消息洗版了。你非常激動，也非常得意。

但是，你如果清醒的話，可能會意識到，之所以會洗版，是因為你的朋友圈大多都是你的同事，你們是一個「同溫層」。你們在這件事情上，都圍繞著你們公司這個「副中心」。

假如你們公司有200人，這條消息在同溫層夠你刷半天，並且得意一陣子了。但是這條消息很可能根本就沒有「出圈」，就在這200人附近流傳。你認為的洗版，你認為的天下皆知，只是你的自娛之樂。

連接效率的提升，塑造了「超級節點」，也終將會消滅「超級節點」。連接效率的提升，導致一個個副中心的出現，而這些副中心，會不斷蠶食超級節點的用戶和商業價值。

這就是「**去中心型商業文明**」，也正是今天的商業世界正在

一步步發生的結構性變化。它正在重新孕育一家家偉大的企業。

這張圖的網路密度是多少呢？

它的網路密度是（33/136=）24.3%。

那麼，「去中心型商業文明」之後呢？如果網路密度達到100%，也就是因為科技的進步，所有可能的連接數都被實際連接起來了呢？

這在理論上是可能發生的，但實際上非常困難。我們把這個也許永遠無法到達的商業文明，起了個名字，叫作「全連接型商業文明」。（見圖3-6）

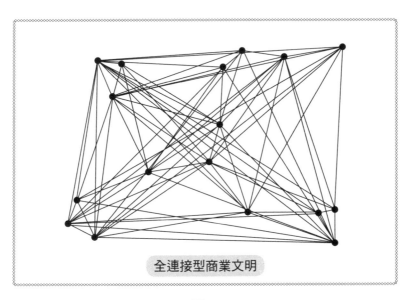

全連接型商業文明

圖3-6

網路密度＝100%

交易成本＝0

什麼樣的科技能促使「全連接型商業文明」變成現實？

也許是萬物互聯，也許是區塊鏈，也許是腦機互聯，也許是生物科技、基因科技的重大進步，我不知道。但是一旦實現，可能就會出現科幻電影裡的場景，所有人類共用一個大腦，我知道的你都知道，人們因為沒有資訊不對稱，再也不存在信用不傳遞的問題。整個世界的交易成本，可能會接近理論最低。（見表3-2）

表3-2

示範數據	商業原始社會	小農經濟	線段型商業文明	中心型商業文明	去中心型商業文明	全連接型商業文明
實際連接數	0	7	17	24	33	136
可能連接數	136	136	136	136	136	136
網絡密度	0	5.1%	12.5%	17.6%	24.3%	100%

讀到這裡，我終於可以把「網路密度」和「交易成本」這兩條理解商業進化的線索，交到你手中了。請拿好：

　　「連接」是進化的動力。衡量連接效率的終極指標，是網路密度。商業進化的方向，就是從「網路密度＝0」，向「網路密度＝100%」前進。

　　「交易」是商業的本質。衡量交易效率的終極指標，是交易成本。商業進化的方向，就是從「交易成本＝∞」，向「交易成本＝0」前進。

　　總結一下，在商業文明的進化中，我們從這裡來：

商業原始社會→小農經濟→線段型商業文明→中心型商業文明

　　我們到那裡去：

去中心型商業文明→全連接型商業文明（見圖3-7）

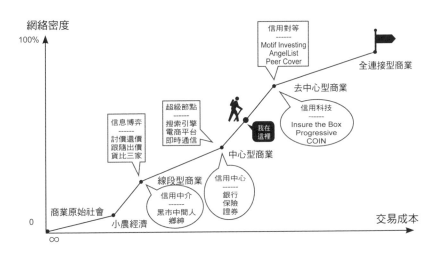

圖3-7

　　義大利哲學家、歷史學家克羅齊（Benedetto Croce）說：「一切歷史都是當代史。」學習歷史的目的，正是為了從中總結規律，然後用這些規律理解當下、預測未來。

　　未來應該做什麼，才能在不斷增加的網路密度、不斷提高的連接效率下，降低交易成本，獲得巨大的商業成功呢？

　　那就和我一起，從真正的商業世界的第一次進化──「線段型商業」開始，一段段回顧「商業簡史」，理清脈絡，然後順著正確的脈絡，走向未來。

　　現在，我們開始。

2 線段型商業，只為連接得更遠

　　「線段型商業」雖然是過去，但研究它卻有非凡的現實意義。因為今天依然有很多行業，活在這個化石一樣的時代，比如層層加價的批發業。今天，當你看到有符合「線段型商業」特徵的行業時，應該興奮不已，因為，改變它們就是你的機會。

　　線段型商業，是一種由「一個個首尾相連的連接，一次次承上啟下的交易」構成的交易結構，最終促成了生產者和消費者之間的價值交換。歷史上，最著名的「一個個首尾相連的連接，一次次承上啟下的交易」，可能就是絲綢之路了。（見第三章第一節圖3-3，105頁）

　　絲綢之路，最早起源於西漢（西元前202年~西元8年），是張騫開闢的從長安開始，經過甘肅、新疆、中亞、西亞，最後連接地中海各國的陸上通道。

　　據說絲綢之路最早賣的主要不是絲綢，而是玉，這也是為什麼有「玉門關」之說。德國學者李希霍芬（Ferdinand von Richthofen）在其著作《中國》一書中將這條路命名為「絲綢之路」，從此被廣泛使用。

　　絲綢之路是一條真實的路，它是物理上的「連接」。現在，

讓我們從「交易」的角度，重新梳理一下那個時代基於絲綢之路的「線段型商業」。

假如說，一個歐洲的有錢人想要買一匹綢緞做衣服，這個交易如何完成？（見圖3-8）

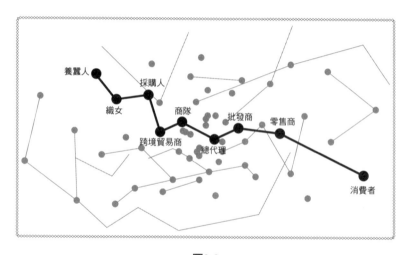

圖3-8

在商業原始社會和小農經濟時代，這個交易不可能完成。因為生產者和消費者之間沒有「連接」，交易成本無窮大。

但現在有了商人。他們純粹為了利益，成為接力式的中間節點，把生產節點和消費節點，一段段連接起來。

中國的江南一帶，有一個養蠶人張伯伯，他日日勞作，就是希望能把蠶伺候好，產出更多的蠶絲。他知道這些蠶絲會被織成布匹、做成衣服。但是，他完全不知道誰會穿上這件衣服，哪件衣服的蠶絲是他養的蠶吐出來的。張伯伯是一個生產節點，他只管一件事，把蠶絲賣給織女小婉。他們常年合作，彼此信任，所以沒有什麼討價還價，也沒有什麼驗貨後付尾款。他們之間的「交易成本」非常低。

這就是整個交易最開始的第一個「線段」。

小婉雖然買下了蠶絲，但是她並不消費這個蠶絲。她只是知道，把蠶絲縱橫交錯編織成一匹綢緞，價格要高不少。她是一個增值的生產節點。

小婉用靈巧的雙手，編織出五顏六色的綾羅綢緞，然後等著採購人阿滿上門。

採購人阿滿定期到村子裡來收綢緞。他要去十幾戶織女家，但他第一個就來到了小婉家。因為他知道，小婉的綢緞是最好的。阿滿挑了挑，最後把所有的綢緞都買走了。阿滿多年的採購經驗，降低了「比較成本」。

小婉和阿滿，構成了第二個「交易線段」。

阿滿收完絲綢後，來到了孫老闆這裡。孫老闆是當地有名的跨境貿易商，他從所有採購人那裡收購絲綢，賣到歐洲。孫老闆

對阿滿的絲綢挑三揀四，但其實阿滿知道，他就是為了壓價，這是他克服資訊不對稱的方法。阿滿知道孫老闆有個大客戶正著急組貨，所以咬死不鬆口。最後阿滿「得逞」了。

你發現沒有，張伯伯不認識孫老闆，孫老闆也不認識張伯伯。但是透過小婉和阿滿一段段的「接力」，他們在互不相識的情況下，完成了一次交易。一個個交易線段，開始首尾相連。

孫老闆組完貨之後，趕緊找到李老頭的商隊，他們經常穿越絲綢之路，非常有經驗。孫老闆不但付運費給李老頭，還和他談了一個分成模式，現在他們倆是合夥人。孫老闆放心地把貨交給了李老頭。

「合夥人」模式，是他們克服「信用不傳遞」，建立進退同盟關係的手段。一個新的線段被接上交易的鏈條，延伸向歐洲。

李老頭經過長途跋涉，終於來到了地中海地區，找到了當地最大的絲綢買家，一個中國絲綢的總代理大衛。大衛只做一件事，就是收買所有來自中國的絲綢，然後控制定價權。

那條源自中國的長長的交易鏈條，因為李老頭，和歐洲本地的交易節點終於相連。

大衛的倉庫裡堆了很多來自中國的絲綢。他要等到價格最合適的時候，賣給各地的批發商。約翰就是一個等著買貨的批發商。他知道，從大衛這裡，歐洲的最源頭買到絲綢，再運到自己

的國家，賣給那些小店，中間的利潤非常可觀。

一條早已成熟的本地分銷線段，開始接力。「分銷」，是一組早已成熟的「交易線段」，等著連上擁有貨源的「交易節點」。

約翰冒著生命危險，繞開各地的大小戰爭，把絲綢運回繁華的城市。這裡有一個當地最有名的裁縫安娜，專門給歐洲的有錢人做綢緞錦服。安娜已經缺貨好幾天了，終於等到了回城的約翰。

一條通向商業網絡毛細血管的線段，被安娜接過了最後一棒。

安娜有一個大客戶，是本國國王。他第二天要舉辦一個非常重要的宴會，急需一件名貴的絲綢衣服，多少錢都行，只要今晚能趕出來。安娜加班加點，終於做好了華服。第二天，國王終於如願以償地穿上了中國絲綢。終於，一條起始於中國張伯伯的交易鏈條，結束於這位歐洲國王。

張伯伯永遠也不會知道，他的蠶絲最終會穿在一個歐洲國王身上，而這位歐洲國王也永遠不會知道張伯伯。但是透過小婉、阿滿、孫老闆、李老頭、大衛、約翰、安娜，這一個個首尾相連的連接，一次次承上啟下的交易，兩個永不謀面的人完成了交易。

　　絲綢之路，是網路密度增加到一定程度，必然會出現的路。建造這條路的，不是馬幫，不是駝隊，不是邊疆軍人，而是每一個「交易節點」獲利的渴望。絲綢之路不從這裡通往歐洲，就一定會從那裡通往歐洲。交易成本低的地方，最先成為路。這就像長江，不是從這裡流向大海，就一定會從那裡流向大海。遭遇阻擋小的地方，最先成為江。

　　線段型商業，透過這些以獲利為目的的交易，連接起一個個中間的「交易節點」，把交易伸向了愈來愈遠的遠方。

　　中國有句話，叫「商人重利輕別離」。為了通向遠方，商人出發一次，就要在路上花幾個月的時間，不「輕別離」不行，否則就賺不到錢。

　　還記得「要想富，先修路」嗎？為什麼要先修路？如果不修路，你就是一個孤立的「小農經濟」，沒有連接到「線段型商業文明」的主要鏈條上。

　　這就是「線段型商業」。

3 線段型商業，如何降低交易成本？

線段型商業，是比小農經濟更先進的商業文明。因為它能透過首尾相連的交易鏈條，把商業延伸到遠方。線段型商業的網路密度有明顯提升。

但是只要有交易，就會有摩擦和損耗。人們是怎麼解決商業世界的兩大永恆摩擦力——資訊不對稱和信用不傳遞，來降低交易成本的呢？

其實我們今天很多習以為常的方法，都是線段型商業留給我們的減小摩擦力、降低交易成本的智慧。

解決「資訊不對稱」的方法

只要有交易，就會有買賣雙方；只要有買賣雙方，就會有資訊不對稱。這種不對稱，在線段型商業一個點連一個點的特徵下被放大了。

比如，我怎麼知道你說最便宜，是不是真的最便宜？我怎麼知道你說大家都搶瘋了，就真的是有人搶？我怎麼知道你說最後三天清倉大拍賣，就真的是只賣最後三天？我只和你有連接，其他的一無所知。

這就是線段型商業面臨的「資訊不對稱」問題。

那怎麼辦呢？

在線段型商業時代，商人們「發明」了一種辦法，克服這種資訊不對稱，那就是：博弈。單次博弈、多次博弈、一段段首尾相連的博弈，同樣延伸到遠方，降低整個交易鏈條的交易成本。

線段型商業時代的「資訊博弈」方法中，有很多辦法延續至今，我們習以為常，但依然非常有用，有巨大的現實意義。

比如，討價還價。

討價還價

1999年12月，在大學畢業一年半之後，我從北京到上海，加入微軟。

12月已經是冬天，上海的冬天很冷。我下了班後，趕去南京東路步行街的第一百貨，想買件羽絨服。我看中了一件羽絨服，賣家是一個上海本地的老阿姨。我問羽絨服多少錢，老阿姨說要800元。

我說：「太貴了。你看我就是一個窮學生，哪裡買得起啊。便宜點，便宜點我就立刻買走了。」我開始賣萌。

老阿姨看了看我，用慈祥而溫暖的聲音說：「唉，算了算了，今天最後一單生意了，那就600元吧。」

這就是「討價還價」。

我不知道老阿姨的底價是多少。但是我把800元的價格，還到了600元，降低了200元的「交易成本」。

討價還價，是一種「資訊博弈」。

我欣喜若狂，覺得遇到好心人了。老阿姨說去後面倉庫裡幫我拿一件新的。我還挺感激的，就在那裡晃著等。

這個時候，我看到櫃檯上攤著一個本子。都怪我不好，不該看的。看了一眼之後，我整個人都不好了。你知道，售貨員每天要賣不少衣服，每件衣服價格都不一樣，如果不記帳，晚上根本不記得賣了多少錢。我來的時候，這個老阿姨正在本子上記帳。

這個本子上記著什麼呢？就是我買的同款羽絨服，下午以500元賣掉了一件，上午以350元賣掉了一件。而老阿姨賣給我600元，我居然還覺得自己占了顏值和賣萌的便宜。

賣萌真的可恥啊。

現在，我們用商業的邏輯來復盤一下這件事。

你是否曾經有一絲絲覺得，討價還價是多麼奇怪的一個行為啊！這個世界為什麼會有討價還價這件事存在？

因為「資訊不對稱」。

我進商場之前，是有一個最高心理價位的，比如600元。比這個價格高，再好的羽絨服我也不買，買不起。而老阿姨呢？她那

件衣服是有個進貨價的，這是她的最低心理價位，比如300元。

我不知道老阿姨的最低心理價位，老阿姨也不知道我的最高心理價位。這就是資訊不對稱，我知道一些你不知道的事情。然後，我們就開始討價還價。討價還價的本質，就是在最低價（300元）和最高價（600元）之間，找到一個雙方認可的成交價。找到了那個點，交易就能完成。

具體在哪個點成交，就涉及兩個經濟學概念：生產者剩餘和消費者剩餘。

如果這件羽絨服是550元成交的，那麼我就拿走了50元（600元–550元）的消費者剩餘，而她拿走了250元（550元–300元）的生產者剩餘。這說明，她的討價還價能力比我強。

假如最後我們是320元成交的，那麼我的消費者剩餘是280元（600元–320元），她的生產者剩餘就是20元（320元–300元）。這說明，我的討價還價能力比較強。

到底是生產者剩餘更多，還是消費者剩餘更多，就看雙方的議價能力。

討價還價，是線段型商業文明中的每一個交易線段上，用來消除資訊不對稱、減小交易成本的重要方法。

不過顯然，在這場博弈中，這位老阿姨是當之無愧的勝利方。當時我非常懊惱我媽不在旁邊，她用討價還價的技巧，破解

資訊不對稱、探究對方底價的能力，常常令我歎為觀止。她在的話，勝負就未可知了。

討價還價，是線段型商業文明中的每一個交易鏈條上，用來消除資訊不對稱、減小交易成本的重要方法。這個方法，我們口口相傳，一直沿用至今。我只不過是學藝不精，怪不得別人，願賭服輸。

但是，我有一招「獨門祕笈」，常常幫我在「資訊博弈」中獲勝。

我買東西的時候，常常會跟著一個老人家。為什麼？因為老人家討價還價、資訊博弈的能力，常常比我高好幾個數量級。

老人家和賣家唇槍舌劍，你來我往，非常精采。最後，賣家說：「算了算了，怕了你了，就187元吧。」這時候我會說：「給我也來一個……」

這是我利用他們之間的「資訊博弈」，降低我的交易成本的方法。是不是很機智？

但是，道高一尺，魔高一丈。很多商家早就想到了，他們有自己的辦法，繼續製造資訊不對稱。

什麼辦法？

你有沒有看過這樣的電視劇，在某個古代集市上，一位茶商正在和一位買家討價還價。但是，他們不是用嘴討價還價，而是

用手。兩個人的手握在一起,用大袖子蓋著,然後在袖子裡比劃。他比劃說30兩銀子,你比劃說太貴,15兩行不行。他比劃說不行,最少20兩。最後,19兩成交。

他們倆銀貨兩訖,成交走人,我完全不知道是什麼價。成交價這個資訊,對我這個旁觀者來說,依然是不對稱的。這樣,賣家依然可以用高超的談判技巧,和我來一次全新的「資訊博弈」,從我這裡賺走更多的錢。

真是鬥智鬥勇啊。那我就真的沒有辦法戰勝這個新出現的「資訊不對稱」了嗎?

當然不是,我還可以「貨比三家」。

貨比三家

我討價還價的能力確實不如你。你說多少錢?600元?好的,謝謝你,我再去旁邊那家看看,一會兒再回來。

你只要把這句話說出來,老阿姨可能就會說:「壯士留步!500元,現在就拿走。」

你這時候要堅定地離開去下一家看。旁邊的商場,這件羽絨服賣多少錢?400元?果然便宜。再去看看另一家,700元?

這時你應該幹什麼?回到第二家商場,用400元買走這件羽絨服。

這就叫「貨比三家」。

因為賣家通常掌握的資訊更多，所以討價還價時，賣家通常占有更大的優勢。這就是「買家沒有賣家精」「只有買錯的，沒有賣錯的」。

但是，面對這樣的「資訊劣勢」，也就是天然的「資訊不對稱」，買家也有自己的撒手鐧——貨比三家。

討價還價、跟隨出價、貨比三家。這些都是買家透過「資訊博弈」來消除資訊不對稱的方法。

在線段型商業文明中，作為買家的中間節點，必須熟練運用這些「資訊博弈」的手段，消除資訊不對稱，降低交易成本，才能讓自己成為不可替代的關鍵節點。

解決「信用不傳遞」的方法

所有的交易結構，只解決資訊不對稱問題是不夠的，還必須解決信用不傳遞問題。

什麼叫「信用不傳遞」？

信用不傳遞，就是離我愈遠的人，我愈不信任。

買家和賣家已經解決了資訊不對稱的問題，決定交易，但因為彼此不熟悉，沒有「信任」，總怕對方會背棄承諾，走不出最後一步。怎麼辦？

這時，找一個彼此都信任的中間人，成為「信用仲介」，是線段型商業中非常重要的接力方法，比如鄉紳。

鄉紳

在一個偏遠的鄉村，A向B借2,000元，說當路費出去打工，半年後回來，掙到錢後就還給B連本帶息2,200元。B有點動心，但是擔心A還不起。A就說，別擔心，我拿我家牛做抵押，還不上錢，牛就不要了。然後，A就出去打工了。

半年後，A回來了，身無分文。B問怎麼回事。A說錢是掙到了，但是還沒發過來。老闆說要一個月後發，匯到帳上。

B覺得A在說謊，一下子就害怕了，說2,200元我不要了，牛我牽走。這頭牛是A家全部的生產工具，一牽走，A就什麼都做不了了。A說，你相信我，一個月之後，我給你2,500元，你不要把牛牽走。但B就是不信，咬死了要把牛牽走。兩人就吵了起來。

為了解決問題，A和B就到村裡最有威望的人──德高望重的鄉紳那裡去評理。

「德高」是指品德高尚，如何判斷一個人品德高尚呢？是透過多次的交往，大家對他日常為人處世的認同。「望重」是指威望高，如何認定一個人的威望高呢？占有的社會資源多，包括他的人際網路、財富等。所以，鄉紳一般由大家族的年長者擔任，

而且大多數是退休下來的官員。

「德高望重」這四個字其實就意味著「信用」，全村人都聽他的話。所以，這份附著在鄉紳身上的「信用」，在線段型商業中，就被很自然地借用來做信用仲介，成為解決A和B之間信用不傳遞問題的工具。

鄉紳聽完整件事，說：「聽明白了。我是看著A從小長大的，我相信他。A你就寫張借條給B，說清楚一個月後，你會還給他2,500元。怎麼還，在哪裡還，都寫清楚。」

然後轉身對B說：「A已經答應多給利息了，而且你把牛牽走，他們家怎麼辦？你相信我嗎？如果你相信我，就等一個月後再去要錢。再讓他多送給你兩籃子雞蛋，可以嗎？」

你看，這時候，鄉紳把自己的信用「借」給了A，用來打消B的疑慮，促成交易。鄉紳這種天然形成的信用仲介，是線段型商業世界裡非常重要的用來消除「信用不傳遞」這個摩擦的工具。

除了鄉紳，還有哪些「信用仲介」，在線段型商業世界浮現出來呢？

我跟你講個更有趣的：黑市中間人。

黑市中間人

假如你是一個「驚天神盜」，剛剛偷了一幅在拍賣行成交價

100萬美元的名畫。你想趕快把這幅畫偷偷在「黑市」上賣了賺錢。請問,你覺得這幅畫能賣多少錢?

100萬美元?80萬美元?至少50萬美元吧?

錯。黑市上的成交價,大概會在5萬美元以下,也就是原價的5%不到。

啊?5%都不到,這就是賺個辛苦錢。為什麼?

因為「信用不傳遞」。

上次拍賣會,有個富商非常喜歡這幅畫,想用90萬美元買,沒買到。你現在偷了這幅畫,敢不敢去找這個富商,說我給你打個折,50萬美元賣給你?

你不敢,因為不信任。你怎麼知道他會不會斷然拒絕,然後報警?

反過來說,你猜那位富商如果真想買,不報警,他敢不敢買?也不敢。

為什麼?也是因為不信任。

1911年,羅浮宮的一個工作人員藏在儲藏室裡,在閉館後偷走了著名的《蒙娜麗莎》。還好,1913年,這幅世界頂級名畫被追回。整整100年後,2013年,我才有幸在羅浮宮一睹真容。

但是,最狗血的事情來了。1932年,一份筆錄揭示了偷畫的真正幕後主使:瓦爾菲諾。瓦爾菲諾說,他偷畫的真正目的,只

是讓它在全世界人的眼皮底下消失。然後呢？

然後，他就可以悄悄地去拿著偽作去找富商們，說：「這是我剛剛偷出來的《蒙娜麗莎》，我就告訴你一個人了，要不要買？」富商壓抑著內心的激動，從瓦爾菲諾手上買下了《蒙娜麗莎》的偽作，還不敢去鑑定。

最後，這個「曠世奇才」把偽造的《蒙娜麗莎》當作真跡，賣出去了6次！那些富商吃了天大的虧，也只能把苦果往肚子裡咽。

所以，你猜富商還敢不敢從小偷手上買名畫？不敢，因為不信任。

富商不信任小偷，小偷不信任富商，他們之間「信用不傳遞」。怎麼辦？

他們之間需要一個「信用仲介」。這個仲介，就是「黑市中間人」。

黑市中間人是雙方都信任的人。而且，黑市中間人的信用值一定要非常高，因為黑市是被法律嚴厲打擊的地下市場，如果他的信用值不高，風險如此巨大的交易就不可能達成。

收藏家只敢從黑市中間人手中買畫，大盜也只敢把畫賣給黑市中間人。沒有他，這個連接就是斷的，這個交易就無法完成。所以，你覺得他會收多少錢？

95%！

因為這中間的大部分價值不是偷畫的價值，偷畫是個體力活。這中間大部分的價值，是成為非常值得信任的「信用仲介」的價值，這個是腦力活。

線段型商業，是商業文明的第一次重大的進化。一個個首尾相連的連接，一次次承上啟下的交易，把商業延伸向遠方。也因此，不是生產節點，也不是消費節點，而僅僅是來幫助生產節點、消費節點完成交易的第三種角色——中間節點——出現了。

這個中間節點，就是商人。

商人看上去是以自帶「交易成本」的形式存在。所以，很容易被人認為是「中間商賺差價」「空手套白狼」，甚至是「投機倒把」。

作為商人，我們要清楚，商人群體其實一直在透過「資訊博弈」的方法戰勝「資訊不對稱」，用「信用仲介」的方法戰勝「信用不傳遞」，不斷用創新的智慧，克服「資訊不對稱」和「信用不傳遞」的摩擦力，用最低的損耗和交易成本，把商品從生產節點手中，像接力棒一樣，最終傳遞到消費節點手中。

不過，線段型商業，僅僅是拉開了商業文明進化的序幕。真正激動人心的，是隨之山雨欲來的「中心型商業文明」。

我們下一章來講。

PART 4

中心型商業，
商業世界的侏羅紀時代

1 什麼是中心型商業？

隨著科學技術的發展，連接手段的進步，網路密度的提高，更多首尾相連的「線段型商業」開始出現，從各自的起點通向各自的遠方。

這些愈來愈多的、起點和終點各不相同的線段，開始出現交錯。每兩條交錯的線段型商業，都催生出一個「十字路口」。（見圖4-1）

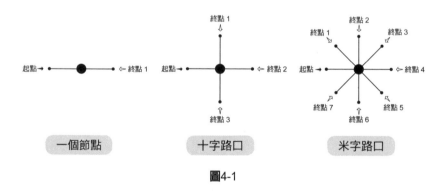

一個節點　　　　十字路口　　　　米字路口

圖4-1

十字路口的「連接價值」超過線段上任何一個交易節點。為什麼？因為十字路口的存在，從一個起點出發，可以去到三個終點。交易的可能性大大增加。（見表4-1）

接著，十字路口也愈來愈多，甚至開始出現四條線段型商業交錯出來的「米字路口」。

表4-1

	一個節點	十字路口	米字路口
線段數量	1	2	4
可選終點	1	3	7

米字路口的「連接價值」，超過任何一個十字路口。為什麼？因為米字路口的存在，從一個起點出發，可以去到七個終點。交易的可能性更是飛速提高。

於是，連接的增多，網路密度的提高，開始導致一些「超級節點」的出現。比如，羅馬。

西元前3世紀到西元前1世紀左右（大約是秦始皇修長城的時候），羅馬人以羅馬城為中心，向外修建了通往四面八方的大道。據記載，羅馬人一共修建了大約8萬公里長的硬質道路，把羅馬城放在了「米字」的中心。當時的人傳說，只要你沿著義大利半島，乃至歐洲的任何一條道路，不停地走，最後一定能抵達羅馬。

這就是「條條大路通羅馬」的來歷。

8萬公里，可以繞地球兩圈。這些道路，成為古代地中海地區

規模最大的交通運輸網路。這使羅馬城逐漸成為羅馬帝國，乃至歐洲的政治、經濟、文化中心。甚至西歐天主教的中心，也建在羅馬（今天的梵蒂岡），前往朝聖的各地教徒絡繹不絕。

羅馬城，成為「超級節點」。

再比如，武漢。

在明代，武漢就已經享有「九省通衢」的美稱。為什麼？因為它借助身處中國地理中心（附近）的天然優勢，主動把自己建設成全國性的水陸交通樞紐。

武漢，成為「超級節點」，成為當時「楚中第一繁盛處」。

為什麼線段交錯成超級節點，就會導致這個節點繁盛呢？充其量，它只是一個「交通樞紐」吧？很多人可能會不解。這確實需要解釋一下。

超級節點的價值，不是「交通樞紐」，而是「交易中心」。

「超級節點」的價值，遠超任何一個普通「交易節點」。因為在一個普通的交易節點，你只能和一個人交易。但是在超級節點，你可以和10個人、100個人，甚至1,000個人交易。

人們並不是把物資從北京運到廣州時，路過武漢，歇個腳，然後繼續趕路。從北京去廣州的人，從天津去長沙的人，從西安去杭州的人，都在這裡歇腳。如果只是歇腳，那武漢只是一個「交通樞紐」。

但是，把貨物從北京運到廣州的人，在這裡遇到了去長沙、杭州的人，一聊天，發現他們更需要這個貨，能出更高的價錢。於是，他可能從下一單開始，改變交易「線段」，不把貨送到廣州了，而是送到長沙、杭州。

甚至，他會把貨直接運到武漢，停下來不走了。等著長沙、杭州，乃至全國的人來「討價還價」「跟隨出價」「貨比三家」。這時，武漢就成為一個「交易中心」。

這樣，交易所創造的價值逐漸沉澱在武漢，武漢就會成為「楚中第一繁盛處」。

還記得上一章說到的大理嗎？

在西元8~13世紀，大理之所以能成為東南亞最繁華的城市，也是因為它主動或者無意地因其「超級節點」的地理位置，成為「交易中心」。

陸運時代的羅馬如此，大理如此，武漢如此；海運時代的香港如此，天津如此，上海如此。

現在，我們再來看「中心型商業文明圖」（見第三章圖3-4，107頁）。

當若干「線段型商業」彼此交錯時，中心型商業開始像火山爆發一樣，噴薄而出。這場火山爆發，最開始可能只是你家門口那一點點微不足道的震撼。然後蔓延開來，直到山崩地裂。

我們來看看，中心型商業文明是如何從「社區級中心」，擴大到「城市級中心」，再擴大到「全國級中心」，最後擴大到「全球級中心」的。

社區級中心

我很小的時候，在家做作業時，偶爾會聽到窗外傳來一聲清亮的吆喝「麥芽~糖~」。我欣喜若狂，拿著好不容易存的一點點零錢，衝到門前，買一塊麥芽糖，吃個好幾天。

有時候，在門口叫賣的不是麥芽糖，而是「糖芋~苗~」，我一樣會欣喜若狂，這我也喜歡吃。

還有的時候，門口傳來的是「磨剪子~呐~戧~菜~刀~」，這我就不感興趣了。

可是現在，用商業思維想一下，當時這樣走街串巷的效率多低啊。比如那個賣麥芽糖的小販，他就是把麥芽糖的生產者和我這樣的消費者連接起來的商人，是中間節點，是一個線段的一個節點。這個節點，只能連接一種產品供需鏈條上的雙方，是「線段型商業」。

但是，如果他的擔子裡，除了麥芽糖，還有糖芋苗呢？這時候，他就成為一個「十字節點」，連接兩種生產者和消費者。小販的效率會大大提高。

　　進一步，如果他的擔子裡，除了麥芽糖和糖芋苗，還有雪糕和糖葫蘆呢？這時候，他就成為一個「米位元組點」，連接四種生產者和消費者。小販的效率會進一步提高。這時候，小販的交易結構，正在從「線段型商業」過渡到「中心型商業」。（見圖4-2）

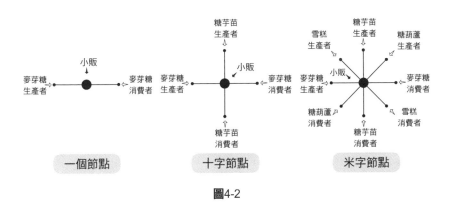

圖4-2

　　一個賣很多東西的走街串巷的小販，就叫「賣貨郎」。然後，他賣的東西愈來愈多，背不動了怎麼辦？賣貨郎就進化成了我們家門口的「夫妻老婆店」。

　　夫妻老婆店，是一種典型的社區級中心。

我從批發市場採購幾千種貨品，面對街坊幾百戶人家。A戶人家和1號貨品的連接，B戶人家和2號貨品的連接，C戶人家和3號貨品的連接，都可以在我這個小小的夫妻老婆店裡完成。

我和我老婆分工協作。我的工作是去批發市場進貨，也就是對接貨品一端的幾千個連接。我老婆的工作，就是守在店裡賣貨，也就是對接街坊一端的幾百戶人家。

我的小店，就成為我們社區的一個超級節點、交易中心。

現在愈來愈少看到走街串巷賣麥芽糖、糖芋苗、雪糕、糖葫蘆的了，更看不到走街串巷賣燒餅的了，不是因為「西門慶害死了武大郎」，而是因為夫妻老婆店這種社區級中心，逐漸取代了走街串巷這種線段型商業的交易結構。

城市級中心

小時候，我們家開過一段時間夫妻老婆店，但是後來關了。為什麼？因為大型超市的普及。

那時候，我不知道誰是山姆・沃爾頓，也不知道沃爾瑪的小鎮戰略。我只知道，來我們家買東西的人愈來愈少，他們都去了家樂福、沃爾瑪。因為家樂福賣的東西，比我們從附近批發市場批發來的還要便宜。

最後，我們只能關店，然後自己也成為家樂福的顧客。

像我們家這樣關掉的夫妻老婆店，數不勝數。家樂福開始成為這個城市的超級節點、交易中心。一家跨兩層購物中心的家樂福，大約有10萬個以上的SKU（庫存量單位），每天能接待2萬～3萬名顧客。而我們家的夫妻老婆店，只有幾千個SKU（我懷疑都不到），每天接待幾十、上百個顧客。

家樂福、沃爾瑪是比夫妻老婆店要超級得多的超級節點，它們在中國的營收，已遠超過當時零售行業平均水準的速度在增長。

一種模式的增長，如果超過行業平均水準，那一定是因為交易結構的改變。一種交易結構的超額增長，一定是因為另外一種交易結構的超額下滑。

換句話說，家樂福和沃爾瑪的超額增長是從哪裡來的？從夫妻老婆店手裡「搶」來的。一家大超市的崛起，是以100家甚至1,000家夫妻老婆店的消亡為前提的。也就是說，商業世界，正在從零散走向集中，從社區級中心走向城市級中心。

真正的進步，都是創造性破壞。你可以同情，但是無法挽救那些被時代拋棄的模式。

全國級中心

再然後呢？出現了「萬能的淘寶」。

有一次，我突然想給我的布藝沙發買一個用來放茶杯的扶手。每家沙發扶手的寬度都不一樣，我想要是能買到一個大小可調的，就像古代竹簡一樣的杯托扶手就好了。然後，我輸入幾個關鍵字，在淘寶上搜索我想像出來的「杯托扶手」。

居然被我找到了！

「萬能」的淘寶！你能想像的一切東西，幾乎都能買到。為什麼？因為它是一個比家樂福、沃爾瑪又要大得多的超級節點、交易中心。

截至2019年1月，淘寶上的店鋪大約有1,100萬家，天貓店鋪大約有28萬家。如果每家店至少賣10~100種貨品的話，淘寶上銷售的商品至少有1.1億~11億種。

那淘寶有多少用戶呢？截止到2019年8月，淘寶用戶數超過7.55億，其中每日活躍用戶數大約2億。也就是說，淘寶是一個連接7.55億用戶和11億貨品的超級節點[16]、交易中心。（見表4-2）

16　因無法取得官方資料，此資料是基於推算，可能存在一定誤差。

表4-2

中心強度	社區級中心	城市級中心	全國級中心
舉例	夫妻老婆店	家樂福	淘寶
用戶	幾百	幾萬	7.55億
貨品	幾千種	10萬+種	1.1億~11億種

根據國家統計局的統計資料，2019年，中國社會消費品零售總額約為41萬億元。而2019財政年（2018年4月1日至2019年3月31日），阿里巴巴的GMV（成交總額）為5.73萬億元。

雖然這兩個數字不是同一個統計途徑，但是也可以據此計算出一個大致的比重，阿里巴巴的GMV占中國社會消費品零售總額的13.98%。這是多麼可怕的一個數字。

為什麼淘寶、天貓、京東、拼多多等，能以如此突飛猛進、遠超行業平均水準的速度增長？前面說過：

一種模式的增長，如果超過行業平均水準，那一定是因為交易結構的改變。一種交易結構的超額增長，一定是因為另外一種交易結構的超額下滑。

換句話說，淘寶、天貓、京東、拼多多的超額增長是從哪裡來的？從沃爾瑪、家樂福手裡「搶」來的。一家大電商的崛起，

是以100家甚至1,000家沃爾瑪、家樂福的消亡為前提的。

同樣的道理，商業世界正在繼續從集中走向更加集中，從城市級中心走向全國級中心。

那麼，全國級中心還會繼續集中嗎？如果會，還能集中到哪裡去呢？

全球級中心

2019年，Mob研究院發表了一份《85、95、00後人群洞察白皮書》，對新生代消費者做了不少研究，裡面關於電子商務的研究，引起我很大的興趣。（見圖4-3）

🍃 **電子商務：95後、00後對電商的偏好度明顯低於85後**
85後更熱衷於線上購物，95後、00後視野開闊，喜歡全球好物

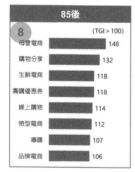
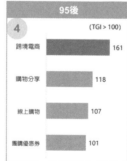

Source: MobTech, 2017.9, TGI=某小類用戶某特徵占比／大類用戶某特徵占比*100，TGI=100表示平均水準，
　　　　TGI＞100代表該類用戶的該特徵高於整體水準

資料來源：Mob研究院

圖4-3

　　Mob研究院的調查顯示，85後的消費者熱衷於透過母嬰店商、生鮮電商、微商等在網上買東西。這些主要都是「全國級中心」。他們已經不怎麼在「城市級中心」買東西了。

　　但是，真正讓我驚訝的不是這個，而是95後和00後最喜歡的購物場景，居然是跨境電商！也就是說，95後和00後中很多人已經不怎麼在國內買東西了，他們開始足不出戶地在全球採買商品。

　　我2000年第一次去美國，當時有很多小夥伴託我買微軟滑鼠帶回來，好用。

　　後來，大家託我帶商場專櫃的化妝品。每次去到專櫃，服務生直接跟我說：Give me the list（給我那張清單）。美國的化妝品專櫃服務生已經知道，一個男生跑來東張西望，一定是幫人代購的。

　　再後來，去OUTLETS買衣服、鞋子、箱包；再之後，去Costco買魚油、褪黑素、鈣片。每次回國都會人肉帶很多東西，大多是幫朋友買的。為什麼？出趟國不容易。

　　而現在95後、00後（也就是20~25歲）的小朋友們，躺在自家的沙發上，就能完成這一切。

　　在互聯網（資訊流）、支付手段（資金流）和跨境運輸（物流）的幫助下，全球幾十億人正在逐漸聚向同一個地方買東西，

比如亞馬遜。亞馬遜正在成為一個全球級中心。

當然，阿里巴巴絕不會放棄成為全球級中心的機會。

2013年，我有機會和馬雲一起吃飯。那年，阿里巴巴剛剛成立菜鳥網路。馬雲要做的，是讓中國任何城市之間的電商快遞24小時之內必達，全球範圍內72小時必達。我想，我能夠理解他的野心。阿里巴巴的目標，不是安居全國級中心，而是成為全球級中心。

一個全球級中心的確立，可能又是以死掉上百個全國級中心為前提的。商業世界，正在繼續從更加集中走向更更更集中，正在從全國級中心走向全球級中心。

從社區級中心，到城市級中心，到全國級中心，到全球級中心，這是一場蓄勢已久、噴薄而出的火山爆發。你所看到的一切驚心動魄的恢宏敘事，其實都是這個「中心化」的噴發過程。冷卻下來後，你會看到一座座高聳入雲的山峰。

希望其中有一座是你。

2 中心型商業，解決資訊不對稱的方法

商業世界從線段型商業進化到中心型商業，是一次偉大的飛躍。

中心型商業的網路密度更高，原本那些沒有接入交易網路的、自給自足的生產和消費單元，可以連接到全國乃至世界的交易網路中了。原本那些游離於主幹交易鏈條之外的，僅圍繞著當地集市展開的交易族，也融合進了外部更廣闊的交易網路中。

在這些交易中，中心型商業文明是如何解決商業世界的兩股永恆的摩擦力：資訊不對稱和信用不傳遞，從而降低交易成本的呢？

我們先從資訊不對稱講起。

很多過去用來製造「資訊不對稱」的方法，在愈來愈集中的超級節點時代，自然而然就無效了。比如一些以資訊不對稱為基礎而設計的「價格歧視」策略。

你家住許昌，想買一輛汽車代步。剛要買，心想先問問朋友吧。朋友告訴你，這輛車在鄭州要便宜6,000元。你一查真是，那

就在鄭州買好，開回許昌吧。結果到了鄭州後，4S店[17]告訴你：鄭州的車，只賣給有鄭州居住證的消費者。

為什麼？為了保護當地經銷商利益，否則許昌的4S店就不幹了。

整車廠商透過控制跨區購買，平衡對4S店的管理。甚至有些商品（比如鞋子、服飾）在各個城市價格不同，僅僅是想讓出得起高價的人多付錢。

這件事在互聯網上，在全國級中心的時代，已經完全不可行。我在網上買一輛特斯拉，你管我是哪個城市的。你還能根據我在哪個城市上的網，就給我報不同的價？這已經無法實現了。

還記得賣給我羽絨服的那個老阿姨嗎？她和我的討價還價，本質上也是「價格歧視」，根據對每個消費者消費能力和消費意願的判斷，報不同的價錢。

你心裡也知道，同一件衣服，每個人買到的價格是不一樣的。到底有多不一樣呢？你很難知道，你甚至也不想知道，知道了難受。這就是價格歧視。

2000年左右，著名的亞馬遜公司試圖把「根據對每個消費者消費能力和消費意願的判斷，報不同的價錢」的邏輯，搬到互聯網上。

17　4S店指汽車銷售、維修，配件和服務為一體的銷售店。

　　亞馬遜根據潛在客戶的人口統計資料、在亞馬遜的購物歷史、上網行為以及上網使用的軟體系統，確定對68種光碟的報價水準。比如，一張《戰士終結者》（Titus）的DVD，亞馬遜對新顧客的報價為22.74美元，而對那些對該光碟表現出興趣的老顧客的報價，則為26.24美元。

　　你看，這跟賣給我羽絨服的老阿姨，是不是一樣的？

　　但是，亞馬遜遭遇的反抗，和這位老阿姨完全不一樣。關於羽絨服，人們不罵老阿姨，只罵自己討價還價能力不強。但是，關於DVD，人們用極其不淡定的方式，在網上對亞馬遜進行討伐，把亞馬遜「罵出了天際」。最後，亞馬遜創始人貝佐斯親自出來道歉。

　　為什麼？因為在中心型商業之下，尤其是互聯網帶來的全國級中心型商業之下，資訊已經太對稱了。所有事情都是放在眼皮子底下交易的。我買貴了，你買便宜了，立刻全網皆知，群情激憤。「價格歧視」愈來愈不可行。很多過去非常有效的商業方法論，都被現實打得頭破血流、滿地找牙。

　　2013年，我離開微軟，創立潤米諮詢，幫助傳統企業向互聯網時代轉型。同時，我也接受一些仲介機構的邀請，去幫一些公司講課。當時，有家仲介機構給我提了一個非常「奇怪」的要求，不允許帶名片，不允許和客戶交換聯繫方式。然後，這家

仲介機構會自己準備一套名片，上面是我的名字和他們的聯繫方式。

我還聽說過更誇張的。我有一個朋友去任何地方講課，都是不留真名的。仲介機構不讓他留真名，電話自然更不會留，這意味著他離開這個地方，學員就再也聯繫不到他了，除非透過仲介機構。

為什麼會發生這種事情？因為在線段型商業中，這家仲介機構就是唯一的「交易節點」。**斷絕你們直連的可能性，它就可以不斷收穫交易價值。**

但是，這些在今天是無法想像的。別人只要上網一搜，就能找到我的微信公眾號、微博、今日頭條、抖音的帳號。也就是說，除了這家仲介機構之外，客戶還有100種方法聯繫到我。

因為連接數量眾多，我本身就是一個「超級節點」，不附著於任何一個線段型商業的交易節點。

超級節點，就是戰勝資訊不對稱這條「惡龍」的機關槍。

那些依然活在線段型商業時代，打算依靠資訊不對稱賺錢的機構，確實要睜開眼睛，看看時代的變化了。我們只有看到這些變化，理解這些變化的底層邏輯，才能從底層邏輯上生長出新的方法論，而不是抱著過去的成功經驗不放。

那麼，在中心型商業時代，哪些資訊不對稱問題被高效解決

了呢？

搜尋引擎：資訊的超級節點，解決人與資訊之間的不對稱

1995年11月8日，一家很多人從來沒有聽說過的酒廠，以6,666萬元的價格，成為中央電視臺廣告「標王」（包括《新聞聯播》後的廣告權）。這家酒廠的名字叫「秦池」。

秦池是山東一家不算有名的酒廠，1995年的年銷量9,140噸，收入1.8億元，利稅3,000萬元。而這一年，五糧液的收入已經超過10億元了。

一年3,000萬元的利潤，卻花了6,666萬元投央視的廣告，這聽上去是一個非常瘋狂的行為。6,666萬元，這意味著，第二年，也就是1996年，秦池的收入必須超過3.6億元，才能避免巨額虧損。

如果是你，你敢投這個標王嗎？不管是反復計算後的決定，還是一拍大腿的一時之勇，秦池拍出了6,666萬元。

結果第二年，秦池的收入暴漲到9億元左右。全國性管道、品牌知名度，都獲得了巨大的提升。既掙了面子，又掙了裡子。

打個廣告，居然有這麼大的效果！是的。秦池之所以大獲全勝，是因為央視這個「超級節點」的巨大能量。

央視的一邊連接著上億人，它把這上億人的連接捆成一把繩

索，交到一個人手上。然後，你把自己公司的資訊，順著這捆繩索，瞬間同步給另外一頭的所有消費者。這股力量，實在是難以想像。

多年之後，「超級節點」的力量再次被驗證。

2018年，得到App的創始人羅振宇，說自己「福至心靈，腦子一熱」，不知道哪來的勇氣，想在春晚上打個廣告。就數了數身價，去找央視主管了。央視主管把他勸退了，理由是：我們對互聯網公司有個門檻，就是你的產品日活（日常用戶活躍數量）至少要過億。不然，哪天你扛不住。

這就一點辦法都沒有了。

後來結果出來了，阿里巴巴拿到了那年的廣告權。服氣，大公司，「雙11」都經歷過，日活早就過億，沒問題。但即便這樣，阿里巴巴也沒敢掉以輕心，以高於「雙11」3倍的標準，擴充了伺服器。

結果怎樣？淘寶也崩了。據統計，春晚當晚的峰值超過了「雙11」的15倍。

這就是超級節點解決「資訊不對稱」難以想像的力量。

善用這個超級節點的，不僅有秦池，不僅有阿里巴巴，還有一整個行業。

福建有個小城市叫晉江，小到和泉州共用機場。但是，晉江

卻是研究中國商業不能忽視的重鎮，因為這個地方被稱為「品牌之都」。

　　為什麼？你感受一下，下面這些牌子，有沒有聽過的？

服裝類：柒牌、勁霸、威鹿、七匹狼、利郎、九牧王、愛都、浩沙、羅日雅、七彩狐、東方駱駝、大贏家、瑪萊特、拼牌、紅孩兒、金豪雀、雷馬、卡賓……

運動類：安踏、匹克、鴻星爾克、德爾惠、361度、特步、愛樂、金萊克、貴人鳥、名樂、喬丹、康踏、露友、寰球（亞禮得）、美克、CBA雷速、喜得龍、奈步、金蘋果、恩東、步之霸、奇安達、飛克、啄木鳥、名足、喜得狼、愛司旗、帝星、助樂、名志、福時來、龍之步、鍔來特、恩東……

生活類：安爾樂、心相印、七度空間……

食品類：金冠、雅客、蠟筆小新、福馬、喜多多、盼盼、林錦記、親親、品客……

　　就算你不怎麼買東西，也至少聽過10個以上，比如安踏、七匹狼、九牧王。

　　但是，一個小城市，怎麼會冒出這麼多品牌呢？

當然，這是因為它們的努力，它們的企業家精神。但同時還有一個重要的原因，它們善用央視這個「超級節點」，非常擅長在中央電視臺打廣告，把資訊對稱給另外一頭的上億用戶。尤其是運動類品牌，央視五個體育頻道，大量廣告都來自福建晉江的運動品牌，甚至有業內人士戲稱央視為「晉江台」。

然後呢？這些運動品牌拚命線上下開店，幾千家門市，把從央視獲得的關注沉澱到線下的交易節點。他們成功的小邏輯各不相同，大邏輯都是如此相似。央視這個超級節點，用你難以想像的力量，解決了中心型商業世界的「資訊不對稱」問題。

但是，2013年，央視這個看上去無敵的「超級節點」，被一家互聯網公司「打敗」了。2013年，央視全年的廣告收入不到280億元，但是這家互聯網公司的廣告收入達319億元。這家公司就是百度。

百度的口號是「連接人和資訊」。但是，百度連接資訊的方式，和央視有什麼區別呢？

央視是一個「一對多」的超級節點，一個品牌面對無數消費者，完成資訊對稱。（見圖4-4）

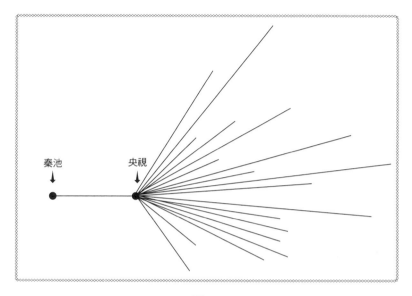

圖4-4

　　而百度，是一個「多對多」的超級節點，無數品牌面對無數消費者，完成資訊對稱。（見圖4-5）

　　這個超級節點，有多超級呢？

　　它一邊連接著幾十億的網頁（也就是資訊），另外一邊連接幾億的用戶，讓大家可以在零點零幾秒內，找到自己想要的資訊。

　　更重要的是，用戶的每一次搜索，每一次輸入的關鍵字，背後都隱藏著自己的需求。搜「最新款手機」，可能是上一款手機摔壞了；搜「怎麼做蛋糕」，最近會買烤箱的機率很大。

　　這就有意思了。既然需求就寫在「超級節點」上,那麼,品牌商能不能不透過央視,直接在百度上,向有需求的使用者推廣產品呢?

　　這就是「上下文相關廣告」,也就是與內容匹配的網路廣告。它成為「資訊超級節點」這個商業模式的盈利點。

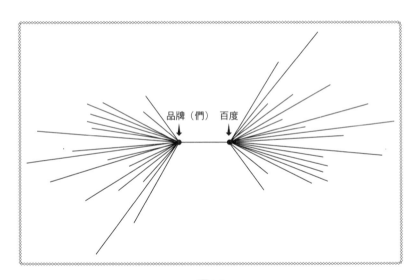

圖4-5

　　這種多對多的「超級節點」,讓資訊匹配更加高效,品牌商只用按需付費。大量的中小品牌,把廣告的預算從電視(甚至央視)轉移到了互聯網(尤其是百度)。

　　百度開始成為匹配人和資訊,消滅資訊不對稱的「超級節

點」。

雖然很多人對百度很有看法，但是百度的存在，或者說一個大規模搜尋引擎的存在，客觀上大大減小了資訊不對稱。你不懂什麼叫「波粒二象性」，立刻搜尋一下。你聽說華為推出新產品了，是什麼？立刻搜尋一下。把東北大米弄到上海，就賣我20元一斤？成本到底多少錢？立刻搜尋一下。

雖然這個世界仍然有謠言，但是有獨立判斷力的人，利用海量資訊破解謠言的能力愈來愈強，速度愈來愈快。

這就是百度（或者Google）這種超級節點，解決人與資訊之間不對稱的方法。今天，百度一年的營收，大約是700多億元。而發明上下文相關廣告的Google，一年的廣告收入，已達1,000億美元。

電商平臺：商品的超級節點，解決人與商品之間的資訊不對稱

還記得在線段型商業中，我的絕殺「貨比三家」嗎？

老阿姨賣給我的羽絨服是600元，旁邊那家400元，另外一家700元，然後，我在第二家店花400元買下了同款羽絨服。這就是「貨比三家」。

但是，你是否曾經也有一絲絲覺得，「貨比三家」是多麼奇

怪的一個行為啊！這個世界上為什麼會有「貨比三家」這件事情存在？

我開車去買羽絨服，車停在紅綠燈路口。那裡有一個巨大的指示牌，顯示A商場、B商場、C商場分別有多少停車位。但是現在科技進步了，它不顯示停車位數了。它拍了一下我的車牌，知道我是誰，接著分析了一下我的社交網路資料，發現我想買一件羽絨服。然後指示牌上顯示：你要買的這件羽絨服，在A商場600元，B商場400元，C商場700元。

這時候我會怎麼辦？當然是直接把車開到B商場，買那件400元的走人。

為什麼一個商圈的三家商場，同一種商品的價格會不一樣？因為資訊不對稱，就賭你不一定會跑第二家。有了這個指示牌，就不一樣了。你可能會想，不會吧？真要是有了這個指示牌，那還怎麼做生意啊！不可能真有吧？

其實現在這塊「指示牌」已經有了。

你在天貓買東西，搜某品牌、某型號的羽絨服，出來幾十家都在賣。可能有人並不相信淘寶上的賣家，那麼假設你相對比較信任天貓，天貓上的賣家大部分是正規的經銷商，你相信它們賣的是正品。

然後呢？你點一個按鈕：按價格排序。所有賣這款商品的商

家，都整齊地排列在你面前。你看，這是不是就是交通路口的那塊指示牌？這時候，如果你真的相信它們是正品，直接在第一家買完走人。

阿里巴巴用超級節點的方式，進一步減小了（至少）價格的資訊不對稱。

很多人說，阿里巴巴在吸血，京東在吸血，拼多多在吸血。但是，它們吸走的並不是血，而是在中心型商業時代，繼續依靠資訊不對稱賺錢的妄念。

現在，很多線下商家已經開始從恐懼、憤怒，轉為習慣、改變。

原來人們進商場，掏出手機時，很多賣家會說：「網上都是假的，我們是真的。」他們依然試圖用資訊不對稱阻擋中心型商業的到來。今天，他們會說：「沒事，你比比，我們和天貓一個價。」

這就是商業文明的進步。

但是，解決價格的資訊不對稱，只是解決人和商品資訊不對稱的第一步。

我在《互聯網＋戰略版：傳統企業，互聯網在踢門》一書裡講過，消費者所有的決策都是基於資訊。我們能在單位時間內同步的資訊量愈大，可以銷售的東西就愈多。

最早在網上能賣什麼？書。

亞馬遜、當當，都是賣書起家。為什麼？因為做出買書的決策非常簡單，知道一本書的書名、作者、目錄、內容簡介，以及價格，就可以買了。這些都是文字資訊，資訊量很小。

後來網速快了，可以傳圖片了。這時候可以賣什麼？衣服。一個穿衣服漂亮的女孩，隨便套一件衣服都能賣出去。圖片在單位時間內傳播的資訊量，遠大於文字。慵懶的氣質，寬鬆的剪裁，後現代的圖案，用文字是講不清楚的，但圖片可以。

文字、圖片之後呢？是短影音，比如抖音、快手。

2019年底，我參加抖音主辦的一次活動，主持一個論壇。「顧家家居」的一位新媒體負責人上臺分享了他們和抖音的一次合作。那次合作，促成了大約23億元的銷售額，其中7億元在線上完成。這7億元中，平均客單價6,000元，最高的一單超過7萬元。

你想想，以前看一段文字，能直接下單7萬元買傢俱嗎？看圖片呢？很難。這樣高單價的複雜商品，你可能還是想去現場試一試。但是，現在短影音提供翻來覆去的講解，很多人的心理防線一下子就被打破了。

文字對稱的資訊量，可以用來買書，幾十元；圖片對稱的資訊量，可以用來買衣服，幾百元；短影音對稱的資訊量，可以用來買傢俱，幾千元。

　　資訊愈對稱，生意愈好做。這就是「讓天下沒有難做的生意」。

　　順勢而為的企業家，總是在想如何透過消滅資訊不對稱賺錢；因循守舊的企業家，總是在想如何回到過去的資訊不對稱時代賺錢。

即時通信：人的超級節點，解決人與人之間的資訊不對稱

　　搜尋引擎解決了人與資訊的不對稱，電商平臺解決了人與商品的資訊不對稱，那麼，人與人之間的資訊不對稱呢？

　　過去如果有個朋友A想託你介紹認識一下你的另一位朋友B，你怎麼做？

　　你可能會說：「沒問題，小事一樁。這樣吧，我約一下時間，這週五下班後正好我有時間，我約個局，叫上你們倆一起來吧？」

　　他非常感激，你也很高興。那天晚上，你們相談甚歡。

　　但是今天，有個朋友A想託你介紹認識一下你的另一位朋友B，你怎麼做？

　　你可能會說：「稍等啊，我拉個群組。」然後在群組裡說：「兩個都是我好朋友，你們自己『交涉』啊，我先去忙了。」

你連接兩個人的效率大大增加，即便其中一個朋友正好在國外，而另一個朋友還在海南休假。

為什麼？因為微信這個每月活躍用戶數超過11億的超級節點，幾乎把你身邊所有人都連接了進來。

這就是「中心型商業」的力量。

有一次，一位創業的朋友來找我，請我出出主意。她的產品很適合在小米的平臺銷售。於是，她的一位朋友就幫忙去對接了。對接完告訴她，這事成功的可能性很大，小米也很期待。但是，如果要他繼續幫忙往下推進對接的話，需要給他一些股份。

我這位朋友問我，她非常期待和小米的合作，這些股份值不值得給中間人呢。我當時就震驚了，都什麼時代了，居然還有人用「人與人的資訊不對稱」換股份！

我說，如果你需要，我馬上就拉個群組，介紹你認識小米那個部門的負責人。我不要股份。對你有利，對小米也有利，為什麼不做呢？而且，你們合作成功，對我也沒有損失，我幾乎沒有付出一分鐘的時間，憑什麼要你股份？我只有高興的份啊！

在11億人都連在一個超級節點上的時候，靠「我認識誰，而你不認識」來賺錢，已經愈來愈不可行了。

　　中心型商業文明，之所以讓一些人激動萬分，而讓另一些人如臨大敵，就是因為它有8,000種辦法，利用其超級節點的優勢，減小甚至消除傳統商人賴以生存的資訊不對稱，從而降低交易成本。

　　美團的成功，是因為把自己做成了超級節點，減小了餐廳和食客之間的資訊不對稱，降低了交易成本。

　　滴滴的成功，是因為把自己做成了超級節點，減小了司機和乘客之間的資訊不對稱，降低了交易成本。

　　58同城的成功，是因為把自己做成了超級節點，減小了雇主和臨時工之間的資訊不對稱，降低了交易成本。

　　數不勝數。

　　被互聯網加速了的「中心型商業文明」，就是一場消滅資訊不對稱的狂歡。

3 中心型商業，
解決信用不傳遞的方法

　　中心型商業如何解決信用不傳遞，也就是交易雙方彼此不信任的問題呢？

　　現在我們回過頭來，再看一遍「中心型商業文明圖」（見第三章圖3-4，107頁）。

　　因為網路密度的提高，交易結構中開始出現「超級節點」。這個超級節點（比如百度、阿里巴巴、騰訊、美團、滴滴、58同城）可以消除「資訊不對稱」，能不能消除「信用不傳遞」呢？

　　舉個例子。

　　在線段型商業中，我們講過鄉紳和黑市中間人。他們的角色是信用仲介，把自己的信用出借給交易的乙方或者雙方，促成交易。但是鄉紳和黑市中間人的存在，其實都有個前提，就是他們和交易雙方都很熟。

　　我認識出去打工的A，也認識把錢借給他的B。我熟知他們倆，他們倆也信任我。黑市中間人也一樣，我對這個神偷知根知底，跟那個富商也多次合作。我熟知他們倆，他們倆也信任我。

　　但是，這就帶來一個問題：鄉紳和黑市中間人，他們所能熟

知的人，在客觀上非常有限。

著名的「鄧巴數」定律（Dunbar's number，也稱150定律）說，一個人能維護緊密關係的人數，很難超過150人。那麼，超過150人，也就是超過了一個鄉紳或者黑市中間人的「信用半徑」，他們的信用仲介作用就很小了。

現在到了中心型商業時代，超級節點連接的人數可能有幾千、幾萬，甚至幾億，這遠遠超出了鄉紳和黑市中間人的信用半徑，他們無法促成這樣大規模的交易。

那怎麼辦？

這時候就出現了「協力廠商的、中心化的信用仲介」，比如銀行、保險、證券公司。

銀行：借款人與貸款人之間的信用仲介

我們先從銀行開始講起。

本書的重點不是貨幣銀行學，所以，我們會從「中心型商業文明」的切角，解構一下銀行這種「協力廠商的、中心化的信用仲介」是如何起到消除「信用不傳遞」的作用的。

回到那個出外打工的A向家鄉的B借錢的案例。

「A向B借錢」這件事情，解構下來，其實有兩個動作，你意識到了沒有？

第一，A要這筆錢，這叫「借」；

第二，B給這筆錢，這叫「貸」。

在這個案例中，借和貸是同時發生的。見證他們借貸發生的，是一張借條。這張借條，就是「A承諾，B信任」的見證。

後來，這張基於「A承諾，B信任」的借條，因為A無法守約而失去了價值。他們只好去找信用度更高的鄉紳，最終在他（而不是借條）的見證下，完成了交易。

能不能在最開始的時候，就如同把物物交換拆分為「買」和「賣」兩件事一樣，把「借貸」這件事，拆分為「借」和「貸」兩件事呢？

B把錢「貸」給一個中間人，然後A再從中間人手上把錢「借」走。這樣的話，A和B之間就不需要有信任關係，甚至壓根就不需要認識。他們只要跟這個中間人有信任關係就好了。

A和B需不需要分別「熟識」這個中間人呢？

如果中間人有一套辦法，搞清楚是不是應該信任一個陌生人，並且也能讓陌生人信任自己，那麼這個中間人也壓根不需要認識A或者B。也就是說，A、中間人、B三個人之間，根本不需要「天然信任」，就可以完成「信用傳遞」，促成交易。這個中間人，就成為「協力廠商的、中心化的信用仲介」。

這就是銀行。

1609年，世界上第一家現代意義上的商業銀行，成立於荷蘭阿姆斯特丹。

B把錢存進銀行，就是決定把錢貸出去。B不知道誰需要錢（資訊不對稱），也不知道該相信誰（信用不傳遞），那就存進銀行吧，反正我相信銀行。

A向銀行借錢。銀行也不知道你是誰，但是會用一套流程來幫你的信用構圖。你家有沒有房子可以抵押？你有沒有一份收入穩定的工作？把你們家的水電帳單給我看看？等等。再查查你的個人徵信記錄。如果都通過了，銀行會決定相信你。

銀行把借貸拆開，就和商人把買賣拆開一樣，解決了幾個資金交易的偶然性：

我想要借錢的空間附近，正好有人有錢想貸；

我想要借錢的時間附近，正好他的錢可以動；

而且，他還正好願意信任我。

這樣，銀行就透過一套大規模信任和取信的方法，成為理論上無限量需要錢的人和有錢的人之間的信用仲介，生生把自己做成了一個「信用的超級節點」。

有了銀行這個「信用的超級節點」作為社會信用的基礎設施，來解決「信用不傳遞」的問題，中心型商業才最終得以爆發式增長，而沒有遇到信用問題的制約。

也因此，一些銀行作為資金的超級節點、交易中心，獲取了巨額的財富。

保險：陌生人同質風險分擔的信用仲介

這種「協力廠商的、中心化的信用仲介」的另一個典型代表，就是保險。

小王從小在鄉村長大，家裡很窮，省吃儉用過生活。終於到了結婚的年齡，好不容易娶了同村的小艾。家裡非常高興，想擺30桌酒席慶祝，請全村人都來喝喜酒。可是，家裡沒錢，怎麼辦？

湊分子。每家人來喝喜酒，都會給小王和小艾包個紅包湊分子。

過段時間，小艾的好朋友小晴也要結婚了，也想請全村人吃飯，也擺了30桌酒席，也沒錢。怎麼辦？全村每家人去喝喜酒，也會給小晴包個紅包湊分子。

這個包紅包湊分子的行為，本質是什麼？

就是保險。你甚至可以幫它取個名字，比如叫「婚禮險」。「一不小心」結婚了，大家都來幫幫我，江湖救急。下次我也會幫你救急的。

保險的本質是：同質風險分擔。

怎麼理解這句話？我們先來看看什麼是風險。

風險可分為幾類：（見圖4-6，174頁）

第一類風險：發生的機率特別小，產生的影響也特別小。比如說明天有10%的機率下小雨。面對這類風險的處理方式，只需要「承受」就好了。

第二類風險：發生的機率特別大，一旦發生，產生的影響也特別大。比如大地震之後緊接下來發生的餘震。對於這種風險，就要盡可能地規避、逃離。

第三類風險：發生的機率特別大，但發生之後沒什麼大影響。比如明天有90%的機率下雨，那麼帶把傘就能避免被淋濕。這種風險處理方式叫「減輕」。

第四類風險：發生機率特別小，但發生之後的影響非常大。比如癌症，得癌症的機率很小，但患癌之後的影響就太大了。再比如航空意外，也是機率小、危害大。這類風險的應對方式，就是「轉嫁」。

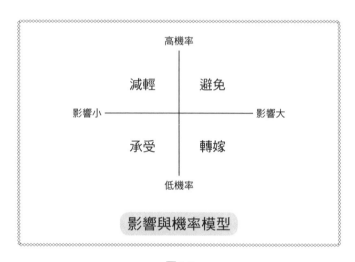

圖4-6

結婚，就是一種典型的「低機率」（你一輩子結幾次婚？），但是一旦發生就「影響大」（要擺30桌酒席）的事情。怎麼辦？透過「同質風險分擔」的方式「轉嫁」。

什麼叫「同質」？你們家也有孩子吧？他們早晚要結婚吧？我們的「風險」是「同質」的，互相幫忙吧。

這就是同質風險分擔，這就是保險。

你的公司同事結婚請你去，你會包紅包，你隔壁公司的人結婚，不知道為什麼也請你去，你會去嗎？你會給他包紅包嗎？

估計多半不會去。為什麼？因為你不知道，萬一有一天你結婚了，他會不會也給你包紅包。如果他不給，你不就「虧」了

嗎？你們倆之間，沒有「天然信任」。

所以，「湊分子、包紅包」這件事，雖然是很有效的民間「保險」，但是只能在熟人之間操作，無法用於大規模協作。

比如癌症。你號召你的鄰居說，從今天開始，我們每個人都往存錢罐裡存20元，誰家有人得了癌症，這些錢都歸他。你猜，會有人理你嗎？

天然信用，只能用於解決熟人之間的小問題。

那怎麼辦？

這時候，有一家機構站出來了，說：「我是保險公司，大家相信我，我有國家發的牌照，是受中國銀行保險監督管理委員會監管的，我還交了一筆錢給銀保監會，是跑不了的。現在我設計了一套方案，只要你們每人交給我一點點錢，一旦患了癌症，我就賠給你一大筆錢。可能很快就有100萬人交了保險費，也就是購買了這家保險公司的方案。」

你可能知道，真的不幸的癌症患者，他得到的賠付，其實是從另外999,999萬人的口袋裡掏出來的。但是，這100萬人需要彼此認識、彼此之間有「天然信任」嗎？他們需要擔心其他人不守信用嗎？不需要。

因為這時候，保險公司承擔了「協力廠商的、中心化的信用仲介」職能。保險公司作為一個超級節點的存在，把「投保」和

「理賠」兩個行為拆開，成為一個中間人，為中心型商業時代需要大規模陌生人參與的風險管理，提供了基礎設施。

當然，一些保險公司作為風險的超級節點、交易中心，也獲得了巨額的財富。

證券：股東與經理人之間的信用仲介

銀行是資金的交易中心，保險是風險的交易中心。那麼證券公司呢？

證券公司就是權益的交易中心。

1609年，世界上第一家證券交易所在荷蘭阿姆斯特丹成立。

還是荷蘭。為什麼？因為荷蘭很早就是一個透過海洋進行全球貿易的國家，一度被稱為「海上馬車夫」。阿姆斯特丹就是當時全球最重要的貿易中心。要成為「交易中心」，阿姆斯特丹必須解決「信用不傳遞」的問題。所以，荷蘭人一口氣發明了銀行、股票和證券交易所。

1602年成立的荷蘭東印度公司，是世界上第一家發行股票的公司。一家公司的管理者有能力，但是沒錢；一些有錢的人想開公司，但是不會管理。怎麼辦？

透過「股票」的方式，拆分「經營權」和「所有權」。這句話是不是很熟？改革開放後，人們沒少聽這句話，但這是荷蘭人

在400多年前發明的。

可是，經營權和所有權分離後，股東和經理彼此不信任，甚至彼此不認識，沒有天然信任，股東總是擔心經理貪污自己的錢，經理總是覺得股東不懂裝懂瞎指揮，怎麼辦呢？

1609年，荷蘭人成立證券交易所，並開始制定、完善一系列的「上市規則」。今天的證券交易所，已經有非常詳盡的信用機制了。比如，禁止內幕交易，每季度披露相關資訊，以及相關的法律法規等。

有了這些之後，股東（或者說股民）其實完全不用認識，也不用「信任」某家上市公司的經營者，就可以用錢買這家公司的股票，只要他相信這個證券交易所。

股票，是股東的權益憑證。證券交易所和與之伴生的證券公司，因此就成為「協力廠商的、中心化的信用仲介」，成為權益的超級節點、交易中心。

資金、風險、權益，都是信用的外衣。在中心型商業時代，我們要感謝這些機構，也就是統稱的金融體系，在以超級節點的形態，解決「信用不傳遞」問題，降低交易成本。

　　銀行是資金的超級節點，保險是風險的超級節點，證券交易所和證券公司是權益的超級節點。

　　金融永不眠。

　　為什麼？因為中心型商業時代，商業世界的侏羅紀時代，實在是太精采。

　　但是，中心型商業文明，會是商業文明的終極形態嗎？

　　恐怕不是。

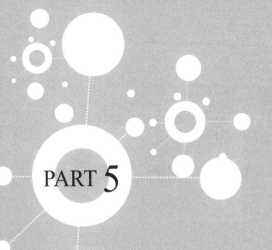

PART 5

去中心型商業，
合久必分的趨勢

1 什麼是去中心型商業？

你能看到什麼樣的歷史，就能看到什麼樣的未來。

如果你認為人類歷史是一部王侯將相史，權力鬥爭、朝代更迭，那你就會用軍事力量的對峙和國家力量的均衡的視角，預測未來。

如果你認為人類歷史是一部科技進步史，科學探索、發明創造，那你就會用科技想要什麼、我們能做什麼的視角，預測未來。

如果你認為人類歷史是一部基因進化史，物競天擇、適者生存，那你就會用多巴胺、內啡肽、催產素對人的控制機制，預測未來。

我們已經回答了本書的第三個問題：商業從哪裡來？

商業一路走來的路徑是：

商業原始社會→小農經濟→線段型商業文明→中心型商業文明

那麼，商業到哪裡去？

如果你和我一樣，看到的商業文明的進化史，是一部交易結構「節點連接不斷增多，網路密度不斷增大」的歷史，就一定也會和我一樣，扒著門縫看向未來，好奇地問：

當交易結構中繼續出現更多的連接，繼續體現更高的密度，這時候，商業的未來到底會向哪裡去？中心之後，是更中心嗎？

不是。

為什麼？天下大勢，分久必合，合久必分。一句話總結：

網路密度增加，會帶來超級節點；網路密度的進一步增加，會消滅超級節點。

當一個超級節點出現後，如果商業的進化突然停止了，不再有新的連接出現，那麼這個超級節點將永遠是超級節點。大部分交易，都必須透過它。它就是整個網路的交易中心，商業世界的無冕之王。

沒錯，超級節點就是「君王」。

它們透過掌控交易的方式，掌握權力。這份權力，賦予了它們定價權，甚至賦予它們生殺予奪的權力。在這份很難他律的權力下，如果缺乏自律，就會出現各種潛在的道德風險，甚至霸凌商業世界的風險。

這就是我們常說的「店大欺客」。

科技依然在進步，連接依然在增加。A和B本來都要透過超級節點C才能達成交易，可隨著科技的進步（比如虛擬實境眼鏡、萬物互聯等），A和B之間突然多了一條「資訊更對稱、信用更傳遞」的連接。這時，A和B就可以不需要透過C，而進行低交易成

本的直連。超級節點C的價值，開始下降。

我們再來看看「去中心型商業文明圖」（見第三章圖3-5，110頁）：

當新科技帶來的「資訊更對稱、信用更傳遞」的直連愈來愈多時，愈來愈獨立於超級節點的局部副中心開始出現。它們可能依然取代不了超級節點，但卻逐漸蠶食本來依附於超級節點的交易。

副中心愈來愈多，超級節點愈來愈不重要的過程，就是「去中心化」——這是在回答本書的第四個問題「商業到哪裡去」之前，我們必須深刻理解的概念。

我先邀請一位「嘉賓」為你講講它和它家族的故事。我相信，從它的分享中，你一定能體會「去中心化」是如何「一路走來」。而從它的家族史中，你也許也能看到未來的商業史。

這位嘉賓，就是這幾年火遍全球的：區塊鏈。

區塊鏈和去中心化家族

大家好！我就是傳說中的「區塊鏈」本人，非常高興受到邀請，來與大家分享關於我自己和我的家族的故事。

首先非常感謝大家對我個人的極大關注。在過去幾年，我能深深感受到大家的熱情。但是今天的我，承載了太多本該屬於我

整個家族的榮耀。

　　我有一個非常偉大的家族，家族裡的每個成員，我的父母、哥哥、姐姐和新出生的弟弟，他們都非常了不起。所以今天請允許我隆重地介紹一下我的家族成員。（見圖5-1）

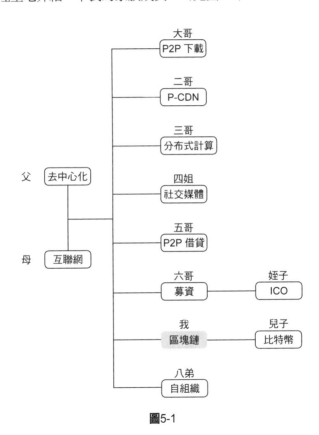

圖5-1

父親：去中心化

首先是我的父親。他是一個著名的哲學家。我父親出生在人類的一個虛擬世界裡，是生活在人類大腦中的一個信仰。他的英文名叫作Decentralization。他也給自己取了個時髦的中文名，叫「去中心化」。但在互聯網上，人們習慣叫他P2P（對等網路）。

我父親在人類出現的時候就已經存在，他是去掉中心，實現人與人之間直接溝通、交易、傳播的一種方式的信仰。他相信總有一天，人們可能不再需要中心化的機構。在人類幾十萬年的歷史中，父親一直都在尋找一位能實現他去中心化的哲學理想，並且他真正愛的人。

我父親曾經愛慕過宗教，比如基督教。基督教原本是以教會為核心的，自從他愛上基督教之後，每個人都可以直接跟上帝發生關聯，而不一定要透過教會。後來他發現這還不徹底，於是又喜歡上了去中心化的政治，從此每個人都能發表自己的見解，民主制度隨之產生。

後來他又喜歡過各種各樣的人，但直到我母親的出現，他才意識到什麼是真愛。

母親：互聯網

我的母親，就是互聯網。

　　互聯網是一個沒有理論中心的網路結構。每一個點，從本質上來說，在整個互聯網中都是同等重要的存在。所以我的父親在遇到母親之後，就徹底瘋狂地愛上了她。他們倆結合在一起，組成了家庭，並生下了延續父親去中心化基因，對整個世界產生了巨大影響的八個孩子。我排行老七，前面有六個哥哥姐姐，後面還有一個弟弟，這就是我的家族。下面請允許我為大家一一介紹。

大哥：P2P下載

　　我大哥叫作P2P下載。P2P是我父親的姓氏，所以第一個孩子姓P2P，名字叫下載。

　　大哥是在1999年來到這個世界的，幫他接生的，是互聯網界非常著名的一位創業者，名字叫尚恩・范寧（Shawn Fanning）。他1999年創立了一個叫Napster的MP3（音訊播放機）音樂分享網站，他也是Facebook最早的顧問、投資人和股東之一。

　　Napster能讓大家自由下載MP3檔，但是這個MP3檔並不是放在Napster網站的硬碟上的。如果把整個互聯網上的音樂都放在這兒，存儲量是非常大的。

　　於是尚恩做了一件事，將每個人電腦上的MP3檔彙集成一張目錄。如果你想下載MP3檔，那麼Napster就會找到那些有這個

MP3檔的電腦，同時從這些電腦中下載一個個小小的碎片，然後在你的電腦上拼成你需要的MP3檔。所以Napster本身並不擁有MP3檔，它只是幫助那些擁有MP3檔的人互相分享，我們把這個叫作「點對點的分享」。

我大哥的本質是一種硬碟的共用，是把每個人電腦上的一部分硬碟，拿出來與其他人共用。

後來，大哥在中國也有了一個對應的形態，就是迅雷。迅雷就是做P2P下載的，它的邏輯是把電影檔案放到不同的電腦上，然後彼此分享，這個模式極大地節省了資源。

我的父母非常高興，因為大哥為人類帶來了很大的改變。當然這也不是一帆風順的，因為P2P下載對版權保護的衝擊很大，美國後來禁止用這種方式來分享MP3檔，Napster也於2002年宣告破產。

但是這個邏輯一直存續了下來。

二哥：CDN

我的父母接著生下了他們第二個孩子，也就是我的二哥——CDN（內容分發網路）。

當時，大家在互聯網上看電影，有一個問題。比如你在上海透過影音網站看一部電影，因為電影存儲在北京的伺服器上，在

上海看的話，網速就會很慢，如果在深圳看這部電影，網速會更慢。

怎麼辦？可以把這部電影放在很多不同地區的伺服器上，看電影時找最近的伺服器來訪問，這就是CDN。

於是，美國和中國的很多電信公司就成了我二哥的「接生婆」，它們把內容放在不同的地方。你在上海看電影，就從離你最近的機房——上海的伺服器上看。在北京看電影的人，是在北京伺服器上看。這是一種分散式的存儲，共用分散式的頻寬。

我二哥長大之後，進化成一種叫P-CDN（基於P2P技術的內容分發網路）的形態，就是把我父親的姓氏P2P放在前面，把每個人家裡的電腦都變成CDN。過去我們把內容放在機房，無論在中國還是美國，機房的數量都是有限的。如果能夠把每個人家裡的頻寬都拿出來，這樣你看電影時，訪問的是你鄰居家的電腦，速度是最快的。

P-CDN的本質，是一種網路頻寬的對等網路。

關於P-CDN的落地，我們還要感謝幫大哥在中國落地生根的那家公司——迅雷。迅雷很早就開始用P-CDN，它出售給會員一種商品，當年叫「賺錢寶」，後來叫「玩客幣」，其實都是讓會員用家裡面的網路來訪問彼此網路頻寬的一種設備。

除了迅雷，我們還要感謝電信機房，感謝尚恩，感謝

Napster，讓大哥分享硬碟、二哥分享網路資源這樣的方式能夠出生和成長。

三哥：分散式運算

接著我的第三個哥哥出生了，他的名字叫作「分散式運算」。三哥是個科學家，他的出生轟動了全世界。

我三哥在做什麼事呢？

過去我們破譯一個演算法或者密碼，會用到一個東西：超級電腦（Supercomputer）。在機房裡有個特別厲害的電腦，它的運算速度比全世界任何一台電腦都要快。這就是中心化的計算。

那什麼叫作分散式運算呢？把需要大量計算的工作（比如破譯密碼，或者計算一個DNA的序列）分解成無數的小塊，然後，再扔給全世界一個個小的電腦，比如你家裡的個人電腦。

比如，2020年抗擊新冠病毒期間，電腦晶片公司英業達和史丹佛大學聯合推出了「Folding@Home」計畫，就是把計算新冠病毒蛋白質的計畫，拆分成小塊，交給全世界的電腦。無數普通人參與了這項「分散式抗擊病毒」計畫，並做出了貢獻。

當全世界幾千、幾萬甚至上百萬台個人電腦的CPU（中央處理器）同時計算的時候，計算速度會比一個超級電腦要快。

我的父母特別高興，因為生下了一個科學家，一些以前人類

解決不了的問題，比如需要大量計算的基因學、密碼學的問題，在我三哥面前被輕而易舉地解決，所以我非常崇拜我的三哥。

各位，我已經為你們介紹了我的三個哥哥：P2P下載、P-CDN和分散式運算。他們各有自己的能力，我的大哥是用來共用硬碟的，二哥是用來共用網路頻寬的，三哥是用來共用CPU資源的。我的三個哥哥長大之後，他們互相照顧，互相幫助，聯合在一起做了一個聯盟，叫作「邊緣計算」。

過去我們透過雲計算的方式提供資源分享，雲計算是我們的一個遠房親戚，就是透過互聯網的方式提供大家一台巨大的雲端電腦。

但是我的三個哥哥商量，我們能不能不用雲端來提供一個中心化的計算資源，而是把每台電腦的CPU資源、網路資源、硬碟資源都拿出來共用，這樣全世界的電腦加在一起，就變成一台虛擬的電腦。

我們把它稱為「分散式雲計算」，由全網電腦一起提供雲計算服務，然後我們來協調大家。三兄弟一商量，就把他們的組合叫作「邊緣計算」。

我特別崇拜三個哥哥，相信邊緣計算會讓我的父母感到榮耀。我祝福他們的「邊緣計算」計畫能夠獲得巨大的成功。

四姐：社交媒體

在這之後，我的父母生了我四姐——社交媒體，她是我的父母生下來的第一個女孩，所以他們特別喜歡她。

過去媒體是中心化的，它有可能代表正義，有可能代表一個中立的觀點，在全世界範圍內，發言權是集中在少數人手上的。我的四姐誕生後，她讓每個人都有公平發言的機會，每個人的聲音都能被別人聽到，整個世界立刻變得非常感性，每個人都能夠說出自己有創意、有感情的想法。

誰是把我四姐接生下來的人呢？在美國我們特別要感謝Facebook、Twitter，在中國我們要感謝新浪微博和騰訊，是它們共同把四姐接生下來的。

四姐的出生讓我的父母信心大增，是她讓每個人的聲音都可以被全世界聽到，她是互聯網世界人人都喜愛的一朵鮮花。

五哥：P2P借貸

我的父母突然想到，能不能在金融領域也生個孩子呢？他們借助一個叫雷諾·拉普朗斯（Renaud Laplanche）的美國人，把五哥接生下來，給他取名叫P2P借貸。

雷諾想，一個有錢人，為什麼要把錢放在銀行？一個人要借錢，為什麼一定要去銀行借？於是他創立了一家叫Lending Club的

公司，幫助我的父母接生了這個孩子。

P2P借貸是什麼意思呢？今天我需要錢，但不去銀行，而是直接去找有錢人借。

在美國，你今天到銀行存錢，活期的儲蓄利率是一年0.25%，可是如果去借錢刷信用卡的話，那信用卡的利率一年17%。憑什麼把錢存銀行是0.25%，把錢取出來就是17%呢，這太沒道理了！那還不如去中心化，讓大家可以直接把錢借給彼此。

這就是我的五哥P2P借貸，他是一個非常叛逆的孩子。他一直在宣揚人與人之間是可以直接發生借貸的，所以跟傳統世界一個特別頑固保守的群體發生了很大的抗爭。五哥在全世界做了很多他人覺得風險很大的事情，但也幫助很多人借到了錢。

五哥是我們整個家族裡爭議最大的一個。但我認為，他今天還處於青少年期，等到他長大了，對風險有了更多認識的時候，我相信他會做得更好。

六哥：募資

我的父母在金融領域生下我的五哥之後，很快又生下了六哥，他叫募資，幫他接生的是一個美國的公司，叫作AngelList（天使列表）。

過去我們融資都是去找風險投資，或者上市，這些都是中心

化融資的方法。其實機構或者股市的錢也是無數投資人給的,那麼一個企業如果需要錢,能不能直接去找這些零散的投資人借呢?也就是讓專案和錢在對等網路裡直接匹配,不必透過中心化機構。

今天的金融世界是有監管的,因為世界上有很多不合格的投資人,向那些對風險沒有識別能力和承受能力的人借錢,會有金融風險。

在中國,向公眾籌集資金若超過200人,就涉嫌「非法集資」。能不能在200人之內,找到對風險有識別能力和承受能力的人,幫助他們投資,而不需要透過中間機構呢?人們把這種方式叫作募資,這就是我的六哥。

與我的五哥相比,六哥顯得稍微沉穩一點,可他依然會讓全世界覺得頭疼,因為還是涉及金融風險。但是他讓很多優秀的創業者拿到了投資,讓他們能夠有機會去改變這個世界。美國叫車軟體Uber,這家在全世界引起巨大反響的公司,它的第一筆錢,就是從AngelList透過募資的方式拿到的。

我非常喜歡我的六哥,他在少年時就是一個英才,已經做出了這麼偉大的成就。

我，小七：區塊鏈

我是第七個孩子，叫區塊鏈，幫我接生的人叫中本聰。中本聰在2008年發表了一篇論文，標題叫作《基於P2P對等網路的數位現金系統》。

我想跟大家強調兩點。

第一個是基於P2P對等網路，P2P就是我的父親。

第二個叫作數字現金，Digital Cash。Digital Cash和Digital Currency（數字貨幣）是有很大區別的。Currency是貨幣，貨幣不只是現金。而數位現金系統是一個很窄的領域。

什麼是現金？紙幣、黃金、白銀都是現金。所以我是用來做黃金、紙幣的，不是做銀行帳戶的。

怎麼實現它呢？用我的父親的基因——點對點技術，把這個記帳的能力放在每一台電腦上。

我是一種基於分散式的記帳技術，天生有分散式記帳的優勢，但我身上也有些缺陷，因此不能解決所有問題。

我的缺陷是什麼？分散式記帳，意味著過去一個銀行要記的帳本，現在需要存儲在全網的每個節點上。而在每台電腦上存儲，會造成極大的資源浪費。你們可能沒有意識到，但我自己其實深受其苦。

所以我只能在資料量特別小的領域來做分散式記帳，資料

量特別大的領域我幹不了。比如說很多人期待我能做大哥做的事情，也就是把檔案在全網分享。但是在全網每個節點都放個副本，需要消耗極大的資源。

分散式記帳最大的作用就是去除中間的信任機構。在我的努力之下，一些協力廠商的信用機構將來可能不再被需要，人類生活的效率將得到提高。

在我出生之後不久，中本聰也幫我接生了一個孩子，所以我是家族裡面最早有孩子的。

我兒子：比特幣

我的孩子叫作「比特幣」，是基於分散式記帳技術的一種數位現金。比特幣是模擬黃金來發行的，2,100萬枚的總量，每4年開採量就會減半。

我的父母特別期待他們的孫子──這個去中心化，在全世界不需要任何中央銀行的數位現金體系，能夠把全世界的金融體系變得更加透明。

當然，我更希望我的孩子能夠健康成長，不要因為大家對他過高的期望，讓他很早就陷入自我膨脹，他需要良性的發展。

我侄子：ICO

在我有了孩子之後，我的六哥募資也生了個兒子。他娶了一個太太叫代幣，代幣就是比特幣的原型，比特幣的邏輯。他倆結合，也就是募資取得代幣的邏輯之後，生下了兒子ICO（首次幣發行），這是我們整個家族裡面的第二個孫子輩小孩。

家家都有本難念的經，我們家族最難念的經，可能就是我的侄子ICO了。

ICO給我們家族和全世界造成了特別大的困擾，因為他在年紀很小，而且沒有很好地受過教育的情況下，就出來闖蕩社會。他能夠在沒有任何實際專案執行的情況下，很快融到一大筆比特幣、乙太幣，或者其他代幣。

所以我們希望人類能夠配合我們的管理，把他介入到人類的監管體系裡面來。讓他能夠在人類監管之下健康成長，學會一些風險管理，讓好的項目浮現出來。

我的八弟：DAO

我還有一個弟弟，正在母親腹中，我們全家都在期待這個弟弟的降臨，他的名字叫Decentralized Autonomous Organization，簡稱DAO，就是「去中心化的組織」，或者叫「自組織」。

過去，人類的組織形態都是有管理者的層級組織。比如一個

公司有CEO，再往下是高層、中層，一直到員工。這個組織形態，其實很好用，但是也有問題，就是它的溝通效率很低。

如果能透過我的八弟，讓每個組織裡面不再有一個所謂的管理層，而是自我溝通，用高效的方式直接連接，就很有可能會提高全人類的組織效率。雖然我們還不知道應該如何教育八弟，但是我們相信他來到人類世界之後，會跟人類世界共同成長。希望八弟也能在家族中起到重要的作用。

以上就是我的整個家族。

今天，我介紹我的家族成員與大家認識（當然我的家族以後可能還會增添新的成員，但我們身上都流淌著共同的血液——去中心化），最大的目的是想讓大家知道，並不是每件事情都是我做的，我能做的事情是有限的。希望我的整個家族，能和人類一起創造美好的未來。謝謝大家！

去中心化的別名：P2P對等網路

聽完了區塊鏈的分享，你對「去中心化」有沒有多了一點感性的認識？

我聽下來，大概有這麼幾點認知：

原來去中心化由來已久，並不是橫空出世。

副中心確實開始蠶食本來依附於超級節點的交易。

　　你甚至開始分不清楚，誰是原來的超級節點，誰是新的副中心。

　　這個世界，中心化的趨勢在減弱，去中心化的趨勢在加強。

　　另外，我有個問題：為什麼把「去中心化」叫作「P2P」？是那個騙子P2P嗎？

　　好問題。這裡提到的P2P，是那個臭名昭著的騙子P2P嗎？

　　2018年，42天之內，104家P2P網貸接連「爆雷」，上千萬受害者被捲入，可以說讓人唯恐避之而不及。2019年，P2P網貸倒閉、跑路的消息，依然不絕於耳。

　　去中心化和這個P2P之間，究竟是什麼關係？到底什麼是P2P？這確實是非常值得探究，也必須說清楚的問題。

　　P2P，是英文Peer-to-Peer的縮寫。Peer的意思是平級的、平輩的人。P2P的本義，是不需要借助一個更高級的協力廠商，就可以直接連接、交易。P2P，在學術上又被稱為「對等網路」。

迅雷的「P2P對等網路」

　　還記得前面提到的「P2P下載」迅雷嗎？如果你用迅雷下載過電影，可能會知道，你下載的那部電影，其實不是儲存在迅雷的伺服器上的。

　　如果迅雷把電影存在自己的伺服器上，讓一部分用戶「上

傳」，另外一部分用戶「下載」，那麼，迅雷就是一個比你們都「更高級的協力廠商」。它在你們的「上面」。

在這種「更高級的協力廠商」的機制設計下，你們交換檔，必須透過它的硬碟和網路。它的硬碟再大、網路再快，面對海量的用戶，也很容易遭遇瓶頸。

迅雷是怎麼做的呢？

迅雷維護了一張列表：你們這幾百萬用戶，誰的電腦上有哪部電影。

你現在要下載一部電影，於是電腦自動查了一下這張列表，看看哪些「平級、平輩的人」也有這部電影。哎，不錯，30個人的電腦上都有這部電影！於是你的電腦就開始從這30人的電腦上，同時各下載一個電影片段。下載完成後，在你的電腦上拼成一部完整的電影。

這就是迅雷的P2P下載。

你發現沒有，在這套機制設計中，你不是到一個「更高級的協力廠商」去下載電影，而是和「平級、平輩的人」交換電影。你有時候會發現，即便自己沒下載電影，電腦也在工作，這多半是一個「平級、平輩的人」正在從你的電腦上交換電影。你們共同從這個對等網路裡獲取的同時，也共同為這個對等網路貢獻。

愈多「平級、平輩的人」在這個對等網路中貢獻和獲取電

影，這個對等網路的效率就會愈高。這時候，那些買了「巨量硬碟、高速頻寬」的中心化下載網站，就變得愈來愈不重要。

這就是P2P，它的本質是去中心化。

P2P的本質，不是網路借貸，不是網路借貸，不是網路借貸。重要的事情說三遍。網路借貸，只是P2P這個對等網路的基本邏輯在借貸領域的一個應用，而且沒被用好。

為什麼會出現P2P？為什麼會出現對等網路？因為「平級、平輩的人」之間，不斷出現高效的直連，而不用依賴於「更高級的協力廠商」。

我再舉個例子。

還記得「湊分子、包紅包」的案例嗎？這種用「婚禮險」的方式解決「信用不傳遞」問題的方法，是線段型商業文明的做法，只能在熟人之間解決「同質風險分擔」的問題，無法在大規模陌生人之間使用。

那麼到了「中心型商業文明」，形成了超級節點之後，如何解決大規模陌生人之間的「同質風險分擔」問題呢？用保險公司的邏輯來解決。

我是保險公司，你們不用彼此認識，更不用彼此信任，只要相信我就好了。我的背後是銀保監會，是國家。我來設計一套方案，你買了這套方案，萬一出問題，我來賠。

這就是保險公司，這就是「協力廠商的、中心化的信任仲介」。

但是，到了「去中心型商業文明」呢？我們可以依靠一個高效直連的、「平級、平輩的人」之間的對等網路，而不是一個「更高級的協力廠商」，更好地解決「同質風險分擔」問題，從而降低交易成本嗎？

也許可以。

抗癌公社的「P2P對等網路」

我認識一個朋友，叫張馬丁。我認識他，是因為有一次做一個創業大賽的評委。在決賽的十個項目裡，我看到他的提案「抗癌公社」後，非常驚喜。我不惜得罪其他九個創始人，在評委表格裡寫上：

和這個提案比起來，其他九個提案就是兒戲。

為什麼？因為他的創業提案就是一個「去中心型商業文明」的完整標本。

現在因為空氣、水、食物的問題，癌症發病率上升。怎麼辦？吃更好的食物。還有呢？買一份大病保險。希望不要生病，但是萬一生病了，至少有錢可以救治。除了買保險，還有什麼別的辦法嗎？

張馬丁給出了一個答案。

他說，我現在在網上召集3萬人，每個人只要承諾，萬一我們當中有人得了癌症，願意給這個不幸的人捐10元，你就是這3萬人之一了。這樣，萬一你得了癌症（最好不要），大家也同樣會把錢捐給你。

你看，這就是一個互助的「對等網路」。

但是我有個條件，你們作出承諾之後，要在一年後才能接受捐贈。為什麼？因為有很多人太「聰明」了，他們會在得了癌症之後，再承諾幫助別人，這對其他人不公平。同樣，保險也有一個觀察期。

一年後，大家都透過了觀察期。這時候，真的有一個不幸的人得了癌症。那麼請他把診斷記錄發到網上，供這3萬人在有限範圍內查看。3萬人的數量已經很大了，他們中有些人是醫生，看得懂這個記錄，甚至有些好心人可能會上門去看望他。

給你們一個月時間，一個月後如果無人提出異議，說明你們認為這個人是真的得了癌症。那麼，請你現在直接給這個不幸的人帳戶裡匯10元。不要給「抗癌公社」，再少的錢，超過200人捐贈，都有「非法集資」的風險。你們直接把錢匯給他，我只是號召了一次捐款。

請問，這時候，如果是你，你會不會給這個不幸的人10元？

我相信大部分人是會的。為什麼？首先當然是因為你有愛心。但同時還有一個原因，你希望自己能夠持續受到保障。不捐這10元錢，你就會被取消被保障的資格。

你說我忙，我不是不捐，就是忘記了。我再加入可以嗎？可以，請再等一年。那前面這一年就白等了。所以，只要你還記得這件事，我相信你一定會捐的。

最終這個不幸的人可以拿到多少錢呢？3萬人，每人10元，一共30萬元。在中國，花30萬元能治好的癌症，大約就治好了；治不好的癌症，再多的錢也會比較難治。雖然這30萬元不是針對每一個病歷的具體數字，但也是經過一定測算的。

然後，30萬元拿去治病，這個平臺再次進入等待下一個人的階段。

請問，從金融的角度看，這個平臺聽上去是什麼呢？

沒錯，就是保險。但是，這個保險沒有透過一個「更高級的協力廠商」，而是在一個對等網路中的互助保險。

這不是又回到了「湊分子、包紅包」的邏輯了嗎？是的。這就是我們說的，天下大勢，分久必合，合久必分。

湊分子、包紅包是分散的「同質風險分擔」，保險公司是集中的「同質風險分擔」，「抗癌公社」又回到了分散的「同質風險分擔」。

在新技術（互聯網）支持下的分散的「同質風險分擔」，有時候比集中效率更高，交易成本更低。

一家保險公司運行，如果從大家手上收到30萬元保費，你覺得，它最終有可能拿出多少錢的總量，賠付給那些不幸的人？賠付的比率就叫「賠付率」。

我曾經為一本關於保險的書《好險》寫過推薦序。我問作者，中國保險的賠付率大概是多少？他給了我一組數據：

2005年，中國保險的賠付率（賠款和給付款總數除以總收入）是22.985%，2008年是30.366%，2013年是36.075%。

當然，這個資料的統計途徑各不相同，2019年也一定有很大變化。但是，保險公司幾乎不可能把100%的保費都拿出去賠付。為什麼？因為光是支付給保險業務員就需要不少錢。那麼大的保險公司運營，也需要很多錢。

現在我們回過頭來看這個「抗癌公社」。30萬元，一分錢損耗都沒有，全部都給了那個不幸的人。它如果也有個賠付率概念的話，是多少？100%。

為什麼能做到100%？因為它不依賴於任何「更高級的協力廠商」，讓「同質風險」在「對等網路」裡用一套機制自動分擔。

這就是P2P，這就是對等網路，這就是「去中心型商業文明」。

當然，「抗癌公社」依然有它需要進化的地方。比如，在驗證一個成員是否真的得癌症的環節，是有風險點的。後來支付寶優化了這個機制。

2018年，支付寶推出了和「抗癌公社」極為相近的產品「相互保」。但是因為支付寶巨大的影響力，它直接招募300萬人以上的社群，這樣單次賠付還是30萬元的話，每人只要捐贈0.1元就夠了。

但是，相互保最終收取了每人0.11元。300萬人，總共收取33萬元，其中30萬元賠付給那個患者。剩下的3萬元呢？用於驗證患例的真實性。這樣就能極大地降低騙保的可能性。

33萬元中，30萬元用於賠付。這個賠付率是91%，依然大於絕大多數中心化保險機構。

「相互保」出來之後，掀起了軒然大波。很多中心化保險公司的員工，稱「相互保」為「史上最大的騙局」。

我在最近幾年為很多保險公司的管理層講課，幫助他們梳理「去中心型商業文明」時代的保險邏輯。我看到，這個行業中有大量的與時俱進的思考者、踐行者，但也有一些人永遠無法相信，商業文明進步的戰車已經在城門外。

後來，「相互保」改名「相互寶」。

相互寶在剛剛過去的2019年，累計救助了15,325人。救助了這

麼多人，每位相互寶成員的分攤金只有29元。其中一位叫胡友斌的相互寶用戶，2019年5月被確診為口腔癌。在他自己被相互寶救助前，他已經幫助了2,207人，共分攤5.7元。

這相當於他交了5.7元的保費，就獲得了口腔癌的賠付。

2019年4月，在中國保險仲介發展高峰論壇上，銀保監會原副主席魏迎甯透露，中國非壽險公司管理費用將近40%，人身險公司管理費用將近20%。而網路互助行業的管理費用，基本保持在8%~10%之間。

8%~10% vs 20%~40%，這就是「去中心型商業」相對於「中心型商業」的效率。

可是，阿里巴巴依然是那個隱藏在相互寶這個「去中心」背後的「中心」，不是嗎？

是的。就像中心型商業建立在無數線段之上一樣，去中心型商業，也建立在很多被「基礎設施化」的中心之上。

百度、阿里巴巴、騰訊，都是超級中心。但是，它們的背後，其實有個更大的中心，那就是中國移動。中國移動曾經無比耀眼奪目，因為它太重要、太不可或缺了，已經慢慢從大樹變成了土壤，被基礎設施化了。

當這一代的互聯網巨頭也被「基礎設施化」之後，更上一層的「去中心型商業」，也許才會真正到來。

2 去中心型商業，
解決資訊不對稱的方法

當網路密度增加到跨越集中，重新分散，悄悄出現「P2P對等網路」時，商人們如何戰勝交易節點（P）之間的「資訊不對稱」，降低交易成本，並創造巨大的機會呢？

面對未來，我們要保持足夠的謙遜，這樣才能不被打臉；面對未來，我們要保持足夠的激進，這樣才能抓住機遇。

這一節，我帶你認識三個激進的搶跑者，看看在那些你可能還沒有關注的跑道上，它們是如何利用「資訊對等」的邏輯，悄悄跑出半圈的。

Motif Investing：收集盈餘的認知，分散的智慧

當網路密度增加到足以出現「P2P對等網路」的時候，我們如何促進兩個交易節點（P）之間的資訊對稱呢？換句話說：

去中心型商業文明，如何消除資訊不對稱，降低交易成本？

舉個例子。

美國有個投資網站叫Motif Investing。Motif這個單詞，就是「組合／主題」的意思。

　　在Motif上，人們可以建立自己的股票組合，每個組合可以包含不同配比的多支（一般是十幾支）股票。網站不公布你這個組合的內容，比如哪幾檔股票，是什麼配比等。它會公布這個組合從創立之後，相對於大盤的走勢。然後，使用者可以根據收益率排名，在網站上看到比較優質的股票組合。

　　曾經有位太陽能行業的從業者，做了支太陽能行業的股票組合，連續幾週跑贏了標普。其他投資者一看，覺著這個股票組合不錯啊，我也想投資。怎麼投？

　　你可以花9.95美元，購買這個組合，直接跟投。這9.95美元中，有1美元會分傭給創建這個組合的人，剩下的8.95美元是支付給這個網站的交易費。

　　你可能會想：啊，才1美元？我辛辛苦苦做出一個那麼賺錢的組合，才賺1美元？

　　這個太陽能行業的從業者，並不是一個專職的金融從業者。他可能別的什麼都不懂，就懂太陽能行業。他一個月的收入可能也就8,000美元。如果這個組合非常賺錢，他一個月能多收入幾千美元，已經是一筆非常可觀的收入了。

　　但是，今天太陽能行業的一位從業者突然有個好的判斷，建立了一個組合，一位原零售行業的Motif用戶付了9.95美元購買。過段時間，這個零售行業的從業者可能也做了一個組合，另外一

個其他行業的Motif用戶（甚至就是這個太陽能行業的從業者）付了9.95美元購買。大家形成了共用好的行業判斷、共同賺錢的「P2P對等網路」。

那Motif做了什麼？Motif做的事情，就是減少他們發現彼此的成本，降低了資訊不對稱。

在過去，創建組合這件事是基金經理的工作。Motif上的每個股票組合，其實就相當於一檔基金。只不過，傳統基金是由基金經理建立並管理的，是中心化的；而Motif上的每個組合是由線民建立的，是去中心化的。

同一份「創建盈利組合的能力」，過去掌握在基金經理這樣的中心化機構手上時，要透過私募或公募的方式，加上巨大的資金槓桿，來獲得巨額收益。但是在Motif上，這份「創建盈利組合的能力」被「零售」了。

為什麼同樣一份「創建盈利組合的能力」，在基金公司手上就能賺大錢？因為它們掌握了稀缺的槓桿、資金、工具和位置，可以利用這些，放大自身的智慧，放大「創建盈利組合的能力」。

當然，很多基金經理聰明、優秀，這是不容置疑的，但是，你相不相信這個世界上，有很多和這些基金經理一樣聰明、優秀，受過一樣的教育、一樣有判斷力的人，因為各種原因，無法

坐在他們的位置上呢？

不但有，而且大有人在，因為位置總是稀缺的。Motif做的事情，就是把這些優秀的、被「盈餘」出來的認知收集起來，透過一個「P2P對等網路」，直接提供給彼此，繞開了「基金經理」這個「中心」。

美國知名暢銷書作家克萊‧舍基（Clay Shirlcy）有一本書，叫作《認知盈餘》（Cognitive Surplus）。如果我們能把這些盈餘出來的認知收集起來，用來創造價值，這對整個社會來說是件巨大的好事。

維基百科的編寫過程，就是一個典型的案例。

著名的《大英百科全書》是使用「中心化」的方式編纂出來的，組織一個極其龐大的專家編輯組，專門更新每一個詞條。工程浩大，且非常有意義。

但是，民間會不會也有很多人，對其中一個詞或者幾個詞，有著和專家一樣深刻，甚至更為深刻的理解呢？

當然會有。

維基百科，就提供了一個「P2P對等網路」，供每位元普通線民用自己的零散時間，把自己在某個詞上的專業性貢獻出來，參與編輯詞條。

2006年，《時代週刊》雜誌評選的時代年度風雲人物「You」

中，提到了全球上百萬人線上協作維基百科，促進維基百科的成長。2015年11月1日，英文維基百科條目數突破500萬。而《自然》雜誌曾做過調查，認為維基百科在科學文章這一領域與《大英百科全書》有著相似的精確度。

為這些盈餘的認知、分散的智慧，建立一個「P2P對等網路」，消除資訊不對稱，我們可能收穫的是奇蹟。

去中心型商業時代的機遇，就是不羨慕一個太陽的光芒，而去收集滿天繁星的智慧。

2014年，Motif被評選為「50 家年度最具破壞力企業」之一，排名第四位。

AngelList：投資互聯網的VC也需要被互聯網改造

Angel的意思，是天使；List的意思，是清單。

我從微軟離開後，創立了潤米諮詢。除了做商業諮詢外，我也是幾家基金公司的LP（Limited Partnership，有限合夥人），其中包括投資小米的天使投資人晨興資本。

我是從科技公司出來的，身邊有很多人創業。他們中有些人會來找我投資，有時候我就投一點。這就是天使投資。投了之後，我就知道為什麼是「天使」了，很多錢血本無歸。

你買個理財產品，就算虧了，還能剩個渣。可是股權投資，

最後可能連渣都沒有，只有那種坐過山車般的經歷。

有一次，我在天使輪投資的一個項目，開始做VIE（Variable Interest Entity，可變利益實體）架構，準備啟動在美國的上市，估值漲了20倍。我很高興。當時走流程，簽的檔比這本書還厚。

但是突然之間，因為某家中概股（中國概念股）上市公司在美國出現問題，連累很多納斯達克的中國互聯網公司股價大跌。然後，這個VIE架構就開始擱置。飛速往前跑的公司，如同突然被絆了一跤，摔倒在地。再然後，這家公司清盤。不只是這20倍的增值，連本金都沒有了。

在一級市場做股權投資，跟在二級市場買股票基金，完全不是一個風險量級。

反過來說，也因為這樣，很多創業專案找不到自己的天使投資人。創業者和天使投資人之間，很難找到彼此。那能不能為他們彼此建一個「對等網路」呢？

印度青年納瓦爾・拉維肯（Naval Ravikant）在矽谷創立了AngelList。

作為創業者，我在AngelList上公布了自己的創業專案，說明自己打算怎麼幹，並且願意出讓8%的股份，換取20萬美元的投資。你們誰願意投給我？

哎呀，這個專案不錯，但我沒有20萬美元，我投2萬美元可以

嗎？可以，那你占0.8%。那2,000美元呢？也可以，那就是0.08%。這樣，一群可能素不相識的人就把20萬美元湊齊了，給了他們素不相識的創業者。

其中一位向AngelList請求投資的創業者，和眾多其他人一樣名不見經傳，叫特拉維斯‧卡蘭尼克（Travis Kalanick）。他來融資的項目，你可能聽說過，就是後來聞名天下的優步Uber。

AngelList最初只是一個郵件組——就是一群人，彼此發郵件給所有人。AngelList的創始人直到今天都留著特拉維斯‧卡蘭尼克發給他的郵件。

為什麼？因為這份投資讓他獲得了上千倍的回報。

在很多人心目中，VC（Venture Capital，風險投資）投資著最先進的互聯網公司，但是這個行業自己卻非常古老，神祕莫測。Naval說，這個行業本身，也需要被互聯網改變。

AngelList消滅了專案的資訊不對稱，撕掉了風險投資的神祕感。因此，一個遠在俄亥俄州的合格投資人，也可以直接看項目、投項目了。而過去，他們必須把自己的錢委託給一家中心化的風險投資機構。AngelList的直接匹配，讓中心化的風險投資人感到了危機。

去中心型商業時代的機遇，就是不把那個英雄變成神話，而把武器交給每個普通人。

除了從Uber身上獲得了上千倍的回報外，AngelList還被矽谷媒體評為「超越納斯達克的下一代交易所。」

Peer Cover：每個人都可以設計保險產品

抗癌公社、相互寶，都是非常有趣的「P2P對等網路」試驗。可是，這兩個項目都是針對大病，尤其是癌症的。「P2P對等網路」互助的物件，可不可以是別的事情，或者是任何事情呢？

2015年，紐西蘭成立了一家P2P保險公司：Peer Cover。它說：可以。

既然相互寶的原理，是在「P2P對等網路」裡，減小交易節點之間的資訊不對稱，降低交易成本，而不是局限於癌症本身，那當然可以將這個原理用於一切與癌症相似的「同質風險分擔」。

Peer Cover邀請用戶成為「聯合創始人」。聯合創始人可以根據Peer Cover上的現有產品（比如手機險、葬禮險、車險等），創建自己的「賠償團體」。每個人都能成為聯合創始人，並且編寫這個「賠償團體」的條款，只要其他加入者同意。比如，我這個賠償團體，只保障手機掉到浴缸裡的情況。這樣，Peer Cover上就出現了很多各不相同的小小的保險產品。這就是去中心化時代的「副中心」。這個賠償團體，就成為獨立於保險公司這個超級節點的一個「P2P對等網路」。

假如一個會員填寫了一份索賠單，說自己的手機掉進浴缸裡了（不是泳池，是浴缸），並上傳了照片。這時，只要賠償團隊確認並同意了這位原會員的索賠，系統會根據他們自己約定的條款進行支付。

更有趣的是，用戶還可以隨時加入、隨時退出賠償團隊。如果退出時，這個「P2P對等網路」還沒有發生索賠，甚至可以拿回全額。

這就是基於「P2P對等網路」的萬物可保。只要有足夠的人想投保同樣的東西，不管是什麼東西，甚至貓貓狗狗都是可以的。

你閉上眼睛想一想，當全球想投保「哈士奇」的人透過「P2P對等網路」聚在一起互助的時候，還有保險公司什麼事。

去中心型商業時代的機遇，就是不強求自上而下的秩序，而鼓勵自下而上的湧現。

「P2P對等網路」，也就是去中心化，可以透過節點與節點之間的直連，大幅度降低資訊不對稱，降低交易成本。

3 去中心型商業，
解決信用不傳遞的方法

去中心型商業文明，如何能不借助「更高級的協力廠商」，更高效地減小信用不傳遞，降低交易成本呢？

我們先回到前面說的「P2P網路借貸」。

今天的P2P網路借貸，基本上都只解決了「資訊不對稱」的問題（找不到彼此），卻沒有解決「信用不傳遞」的問題（是不是騙子）。它們大多都只是把線下的高利貸模式，搬到了網上。

P2P網路借貸，到底有沒有獲得合法成功的可能性？我不知道。但我知道，解決這個問題的關鍵，就是你有沒有真正地消除這個「P2P對等網路」中的信用不傳遞。

舉個例子。

假如騰訊也想做P2P網路借貸了（我是說假如），你覺得它會怎麼做？

可能會這麼做——

我今天想向你借1萬元。為什麼？筆記型電腦丟了，影響工作，必須買。下個月發工資就還，我付你利息。

你說，我跟你又不熟，憑什麼借給你？萬一你不還呢？除非

你拿東西來做抵押。

拿什麼呢？一走抵押流程，簽字、畫押，甚至去公證處，這個交易成本就非常高了。為1萬元，不值得。怎麼辦？

騰訊說，我有個東西可以做抵押，你們看看合不合適。什麼呢？你的微信好友裡跟你互動最多的20個人的互動權利。

這其實就是說，你授權給我之後，萬一你沒有還錢，我是說萬一，我就會給這20個跟你互動最多的人發一條訊息：

你們有一個叫劉潤的朋友，借了別人1萬元錢，過期好幾天了都沒還，你們是他的好朋友，能不能幫忙提醒一下他？

天哪，你想這20個人是什麼人？

跟你互動最多的20個人，可能是你的家人、朋友、老闆、合作夥伴、客戶。這20個人，就是你最怕他們知道你還不起錢這個資訊的人。本來有個客戶想跟你做生意，一聽說你連1萬元都還不起，就不和你合作了。你說，你還敢不還錢嗎？

你說，那我不能拉上20個人，一起做假嗎？

如果今天你借的是1,000億元，那你可能半年之前就和這20個人溝通好了：「這半年，你們不准和任何人說話，就我們之間聊。」半年之後，拿到錢，這20個人就集體消失了。但是，你現在借的是1萬元，你不會，因為每個風險都有其價格。

　　當然，我完全不知道騰訊會不會這麼做，很大的機率是不會。我們推演的目的，是希望你知道一個消除了信用不傳遞的「P2P網路」，其降低交易成本的威力。

　　上一節，我分享了在去中心型商業時代，Motif Investing、AngelList、Peer Cover，在戰勝「資訊不對稱」這條跑道上三位激進的「搶跑者」。

　　太陽的重要性，逐漸被繁星取代。

　　但是，在沒有了太陽這個「信用中心」之後，繁星們可以依靠什麼全新的、更高效的武器，來戰勝信用不傳遞這條惡龍呢？

　　信用科技。

　　這一節，我繼續與你分享在戰勝「信用不傳遞」這條跑道上的另外三位搶跑者：利用大數據這項「信用科技」的Insure the Box、Progressive，以及利用人工智慧這項「信用科技」的COIN。

大數據：凌晨4點，短距離，急剎車

　　請問：車險應該怎麼買才合理？

　　我每年要出很多差，在上海的時間不多。就算在上海，我也不喜歡開車，我喜歡叫專車。為什麼？坐在專車後排，還能處理不少事情。開車的話，就幹不了其他事情，很浪費時間。所以我家那輛車，停在車位上，幾乎不開。

一輛車幾乎不開，每年要交幾千元保險費，你覺得合理嗎？我覺得不合理。我沒開，就完全不會發生風險（至少不會發生道路風險），那我憑什麼要和那些上路的車分擔風險呢？

保險的本質，是「同質風險分擔」，我的車的風險是被大風天裡刮倒的樹砸了，那些車的風險是在路上遇到交通事故，我們不是「同質風險」。那車險應該怎麼買呢？

現在的車險，是按照年來買的。每年只要到該買保險的時候，天啊，不知道這麼多保險公司是怎麼知道我電話號碼的，不停打電話來給我報價。這麼買，其實對我這種很少開車的人來說，是非常不合理的。

那不按照年來買，按照天來買合理嗎？也不合理，因為每天每個人上路的次數、時間也不一樣。

那應該按照什麼買呢？按照公里數來買。

假如兩個人開車習慣完全相同，每天上下班也行駛在相似路段，那麼，他們的出險機率幾乎是一樣的。但是A每天開20公里上下班，B每天開40公里上下班。一年下來，因為B的行駛里程是A的2倍，最後B出險的次數大約也正好是A的2倍，所以，B就應該多交錢。

開車距離多的人，應該多交保費。未來的車險，可能不會像今天這樣在電話裡買，而是在加油站買：

師傅，給我加200公里的油，順便加200公里的保險。

這樣最合理。甚至，最後保費會計入油價。

但是問題來了，這個做法聽上去很開腦洞，我怎麼知道每個人每天開多少公里呢？這就要依靠大數據了。

英國有家保險公司Insure the Box，購買它家的保險，就會在你的車裡裝一個OBD（Onboard Diagnostic Device，車載診斷系統）。OBD不是行車記錄儀，而是一個裝在車內線路上的設備，可以檢測你的很多行車資料，其中包括開了多少公里。

這就是大數據。

按公里數來賣保險最大的問題，就是保險公司無法掌握你開了多少公里的資料。你在車的儀錶盤上做個假，這些信用問題無法防範。這個不可篡改的OBD設備，可以保證資料的可信性，增加個人的信用。

Insure the Box賣保險的辦法是：這3,000公里先充給你，拿去用，用完了再來充。如果你的行車記錄非常好，每個季度再送你一點里程做獎勵。

你猜，每年固定幾千元的保險和按公里數付費的保險，像我這種不怎麼開車的人，會選擇哪種呢？

當然是後者。

可是為什麼傳統的保險公司不這麼做呢？因為它們是中心化

的保險機構，手上只掌握「社會統計資料」，而沒有關於每個人的「個性化大數據」（personalization）。

每年上海會出多少起交通事故？65歲以上的老人得老年癡呆症的機率是多少？這就是社會統計資料。雖然中心化保險公司有很多厲害的精算師，但是基於社會統計資料，是得不出針對個人的最優保險定價的。

這就是「個性化大數據」才擁有的威力。

可是，保險按照公里數付費，也不合理吧？這和行車習慣的好壞也有關係吧？比如，那些把車開到四岔路口，打著左轉向燈卻向右轉的人，就應該多交錢吧？

按照公里數付費，每公里按照行車習慣定價，才是最合理的，於是又需要個性化的大數據了。這就是大數據賦能的UBI（Usage based Insurance，基於用量的保險）。

假如UBI車險時代真的到來了，有一天，我買車的那個品牌可能會打電話給我：「您的車險要到期了，現在每年多少錢？貴不貴啊？要不要換成我們公司自己的保險公司？」

我說：「每年大概7,000元保費，是挺貴的，你們多少錢？」

客服小姐說：「我們便宜。同樣的保險條款，每年2,000元。」

我說：「這麼便宜，為什麼啊？」

她說：「因為根據整車預裝的OBD設備顯示，您的行車習慣特別好，而且基本不開。」

我一聽特別高興，趕快打電話給我一個朋友，他和我同一天在同一家4S店，牽的同一款車。我朋友聽完後，也立刻打電話給車廠的客服，說我要買保險，就是你們賣給劉潤的2,000元的那個，我和他一樣的車。

客服小姐查了一下後說，對不起，您在我們這裡買保險會有點貴，要1.2萬元。我朋友一聽，一口鮮血吐在螢幕上：「為什麼啊？」

她說：「因為你經常移動。」

我朋友非常生氣：「那我不買還不行嘛。」於是他繼續在原來的保險公司買。

然後，漸漸地，那些行車習慣好，又不怎麼開車的車主，會愈來愈多地被原廠拉走。為什麼？因為它們掌握個性化的大數據。

那原來的保險公司呢？它們慢慢地覺得有些奇怪：「咦，為什麼最近保險的出險率愈來愈高？」

因為好的用戶都走了，最後它們只好提高保費，慢慢失去競爭力。最後我的朋友的保費還是會被提高到1.2萬元。

為什麼？因為我和他雖然是同一款車，但我們面對的根本不

是「同質風險」。到底如何判斷「同質風險」？用個性化的大數據。這時，你才能對風險進行最優定價。然後，全世界每個人買到的車險價格都不一樣，因為每個人的最優風險定價都不相同。

可是，這件事真的會發生嗎？

美國有家保險公司Progressive，早已開始給「每公里定價」。它的定價，基於三個資料。

第一，你平常與前車保持的距離。

這個資料，透過車載雷達和OBD設備可以記錄。後車如果追尾前車，不管什麼原因，後車全責。所以如果你習慣離前車太近，那保費必須要高一些。

第二，你每月踩急剎車的次數。

一個人什麼時候才會踩急剎車？一定是遇到險情的時候。這次剎住了，那下次呢？一個經常急剎車的人，嗯，保費也必須高一些。

第三，你每月凌晨4點開車的次數。

這是為什麼呢？一個人一天中什麼時候最疲勞？凌晨3~4點。不管你是蹦迪（去夜店）回來，還是去上早班，這時候都特別容易出事故。所以，經常凌晨4點開車的，保費也必須再貴一些。

你看，Progressive公司用三個簡單的資料，為每個人的保險做了差異化定價。

信用，就是對風險的承諾。用個性化大數據這種「信用科技」，進行更加精準的風險定價，說明優質的交易節點降低交易成本。

當有了「大數據」這項信用科技的新式武器後，去中心型商業終於可以擺脫依賴社會統計資料的「信用中心」，散成滿天星。

人工智慧：36萬小時 vs 幾秒

那人工智慧又如何減小去中心型商業時代的信用不傳遞，降低交易成本呢？

繼續舉例子。希望這些例子，可以啟發正在望向未來的你。

美國有家公司COIN，為摩根大通銀行提供貸款合約審批服務。

什麼是「貸款合約審批服務」？你向銀行借錢，銀行要和你簽合約。可是，根據你的情況，這合約怎麼簽，銀行才能最大化地管控風險呢？

在中國，銀行都有一個風控部門，這也是銀行最重要的部門之一，負責審批貸款合約。在美國，一些銀行（比如摩根大通）會外聘律師團隊來做這件事。為此，每年摩根大通要採購36萬小時的律師服務。美國的律師服務很貴，所以這是筆很大的開支。

「人」雖然創造財富，但也是特別巨大的成本。

後來，摩根大通選擇和人工智慧公司COIN合作。

COIN做了什麼？

COIN從摩根大通那裡獲得了曾經審批完的貸款合約，包括批准的、沒批准的、修改的，然後「餵」給它的人工智慧演算法。演算法把這些歷史資料「吃」下去後，消化消化，說：「我可以了。」然後，摩根大通把新的貸款合約給COIN。結果讓人驚掉了下巴，過去用36萬小時律師服務做的事情，COIN幾秒鐘就做到了，而且，風控能力不比人工差。

這一下子，摩根大通節省了一大筆錢。這些錢都是銀行的成本，最終必然會加到利息裡面去。而利息的高低，就是對風險的定價。有了COIN，摩根大通的風險定價能力明顯增強。理論上，信用更高的人，可以用更低的利息貸到錢了。

這是不是讓你想起2016年贏下李世石的AlphaGo（圍棋人工智慧程式）？AlphaGo就是一套人工智慧演算法，它吃下去10萬局人類歷史上的棋局，消化了一下，就下得比最厲害的人類還要厲害。

當有了「人工智慧」這項信用科技的新式武器後，去中心型商業，終於可以擺脫人工成本高昂的「信用中心」，散成滿天星。

區塊鏈：從現金，到帳戶，到區塊鏈

還有什麼辦法，可以減小去中心型商業時代的「信用不傳遞」問題呢？

那就不得不重新提及我們請來的嘉賓「區塊鏈」了。

要深刻理解區塊鏈是什麼，它運行的底層邏輯是什麼，可能要懂三個學科：金融、網路和數學加密演算法。很多人對區塊鏈的認識都停留在「哲學層面」，不明覺厲。

在過去幾年，我為不少全國最頂尖的金融機構講「區塊鏈」的底層邏輯，以及它和「去中心型商業」的關係。今天，我爭取用最通俗的語言和你說明白，區塊鏈到底是什麼。

區塊鏈，簡單來說，就是一套「加密的分散式記帳技術」。

「加密」是數學概念，「分散式」是網路概念，「記帳技術」是金融概念。

在線段型商業時代，一個人擁有多少財富這件事，怎麼證明，怎麼記帳？

用黃金。當然也可以用白銀，或者銅錢。黃金，不是財富本身，黃金是財富的帳目。在線段型商業時代，那些黃金參與的一段段交易，就是一次次「轉帳」。

到了中心型商業時代，一個人擁有多少財富這件事，又是怎麼證明，怎麼記帳的呢？

用帳戶，實現「中心式記帳」。

提到中心式記帳，你是不是立刻想到了中心型商業文明時代的銀行？沒錯。中心式記帳是當前銀行業廣泛採用的記帳系統。

舉個例子，我們的資金是存放在銀行的，比如我在某銀行有5,000元，這筆錢在銀行其實表現為一條資料。銀行用一個中心資料庫來儲存這條資料，為了防止意外和災害，它還建有備份的資料庫來存放這條資料的副本，這種記帳方式就是中心式記帳。我對這筆資金的所有操作，都需要透過某銀行做身分認證和修改授權，才能完成。

這樣的中心式記帳有很多好處，比如轉帳方便。我轉給你1,000元，其實沒有任何現金或者黃金被移動過，銀行只是在我的帳戶裡做了一個減的操作，同時在你的帳戶裡做了一個加的操作。

這就是銀行的「中心式記帳」。

在線段型商業時代，人們用現金（比如黃金、白銀、銅錢）交易，為什麼？因為沒有一個中心化的記帳機構，信用不傳遞，所以「錢」本身必須有價值。然後人們「一手交錢，一手交貨」，做價值交換。

到了中心型商業時代，大家都相信銀行這個「信用中心」，所以我們不用帶那麼重的黃金出門了，記個帳就行。

從線段型商業進化到中心型商業，我們也從現金進化到了帳戶。

但是，這種中心化的帳戶，也有兩個可能你未必重視過的問題：

第一，如果信用中心（比如銀行）出現技術問題，例如駭客攻擊或者硬體故障，導致記帳資料被篡改或損壞，就可能導致整個系統的危機甚至崩潰。雖然這種可能性很小，但並不是完全不可能。

第二，這種運作模式因為帳本的唯一性，依賴的是中心的信用，即銀行的信用，如果這個信用中心出現道德風險，比如銀行擅自篡改資料，那麼客戶的權益也會受到侵害（例如已經發生了很多起銀行職員利用職權盜用儲戶資金事件）。現在的辦法是依靠嚴格的監管，但所有的監管都不完美，都會存在漏洞，導致人為事故。

區塊鏈的出現，解決了這個問題。

提起區塊鏈，就不得不提一個人。這個人很聰明，同時也很神祕。他就是中本聰。

中本聰是一個密碼學專家，在2008年寫了一篇論文《基於P2P對等網路的數位現金系統》（A P2P based Digital Cash System）。注意，你又看到了「P2P對等網路」這幾個字。看到這幾個字，你

就應該意識到「去中心化」一定在附近。

那這個「基於P2P對等網路的數位現金系統」，怎麼轉帳呢？

比如我今天還是轉1,000元給你。假設現在這個P2P對等網路裡，有100萬台電腦，我轉1,000元給你的同時，向100萬台電腦吆喝一聲：「我轉給他了，你們都看著啊，記下來。第一個記下來的，有獎勵。」

於是100萬台電腦都瞪大了眼睛看著，拿著小本子記。轉帳完成的瞬間，所有電腦立刻開始記帳，但只有一台是最快的，它拿到了獎勵。其他電腦雖然有些失望，但也都把帳同步記在自己的本子上，等待下一次記帳。

於是，我轉給你1,000元這件事，被記載到了100萬台電腦上。這些電腦上的帳本，記錄的內容都是一致的。

這種把帳目分布在大量電腦上同時記錄的機制，就叫「分散式記帳」。

這時候，你說這個東西安全嗎？首先，它有一定的不安全性，這個不安全性在於，萬一這100萬台電腦都把帳本改了呢？都說沒轉呢？那我這1,000元不就沒有了嗎？

你改你自己電腦上的資料，理論上是可行的。但是你的電腦只是100萬台中間的一台。系統一旦發現有一台電腦資料不對，就會發起投票。結果其他99.9999萬台電腦都說是你錯了，你只好改

回來。

所以，如果你真想修改交易資料，唯一的辦法，就是說服整個P2P對等網路的100萬台電腦中的51%同時修改。這個機率是極其小的，幾乎不可能。

可是，即便這樣，分散式記帳與中心化記帳相比，好在哪裡呢？

在一些特定的時候，區塊鏈的分散式記帳，能用比中心化記帳低得多的交易成本，戰勝「信用不傳遞」。

舉個例子。

比如2016年美國大選，希拉蕊懷疑某個投票站數字統計錯了，要求重選。為什麼呢？因為美國總統大選的投票，是人工作業的「中心化記帳」。每個州都有很多人在那裡投票，也有很多人接收投票，監督投票，然後唱票。那麼多州，那麼多選票，那麼多人參與選舉，是有可能搞錯的。

這時候，去中心化的區塊鏈就可以發揮作用了。

現在我們不去投票站投票，直接在區塊鏈的P2P對等網路裡投票。每個人投票，就相當於對全美人民吼一聲：「我投了希拉蕊！」「我投了川普！」吼完就被記錄下來，不可修改。所有的投票是被演算法自動記錄的，不會犯任何錯誤，無法篡改。這可能就會節省上萬人的參與，大量的錢會省下來。所以，區塊鏈可

以幫助美國大選大大地節省成本，還能保證不出錯，保證大選的「信用」。

再舉個例子。

過去我們簽合約，至少是一式三份。為什麼？萬一你後悔怎麼辦呢？所以，你我各一份，還有一份留在公證處。

有一天我拿著合約去找你，說這是我應該付給你的100萬元。你拿出你那份合約說，不對啊，我這裡是700萬元。我大吃一驚，一看果然你的合約上是700萬元。明明是100萬元，一定是你改的。我們倆吵得不可開交，誰也說服不了誰。

這時候，我們想起公證處還有一份合約。公證處就是中心型商業文明時代，「協力廠商的、中心化的」信用仲介，我們都相信它。到公證處一看，果然是100萬元。這下你沒話說了吧！但是因此，我們要付一筆錢給公證處。這就是公證費。

這筆公證費，就是中心型商業時代的交易成本。

但是現在我們可以把合約封裝在區塊鏈裡面，不可篡改，而且，一達到指定條件就自動執行。這樣，我們兩個交易節點之間的「信用不傳遞」問題，就可以被一種無人參與的、不可篡改的技術保障，而不是一個協力廠商的公證處了。

這份信用更牢固、更便宜。這就是所謂的智慧合約。

寫完這一章，不得不感慨：未來已來，只是尚未流行。

氣勢磅礴的中心型商業文明之後，是化解一切於無形的去中心型商業文明。

凱文‧凱利（Kevin Kelly）在其1994年寫的著名的《失控》（Out of Control）一書中，準確地預言（或者說推理）了很多2014年之後移動互聯網時代的變化。人們稱他為「未來學家」「預言家」。

大家一邊驚嘆於他預言的準確性，一邊忍不住問他：「凱利先生，請你再預測預測未來吧。」

凱文‧凱利說：

「未來的20～30年，去中心化是不二法門。」

天下大勢，分久必合，合久必分。商業也是這麼從「中心化」一路走來，然後向著「去中心化」一路遠去。

你抓住「中心型商業時代」的機遇了嗎？你能抓住「去中心型商業時代」嗎？

PART 6

全連接型商業，
商業世界的烏托邦

1 全連接型商業：
網路密度＝100%，交易成本＝0

　　這本書寫到這裡，已經把我們所能推測的過去（線段型商業），所能分析的現在（中心型商業），以及所能預測的未來（去中心型商業），一一盡力回望和極目遠眺了。我希望我們能一起看到一股用連接的洋流串聯起來的商業簡史。

　　這部商業簡史，站在月球，從空間看，就是從華燈初上，到萬家燈火，到最後漫天繁星，是從稀疏到密布的「網路密度」提升史。

　　這部商業簡史，站在未來，從時間看，就是一部從沙石，到水泥，再到玻璃，交易節點之間摩擦力愈來愈小導致的「交易成本」降低史。

　　今天，商業世界已經進化到古人難以想像的場景。古人篳路藍縷，穿越茫茫大漠，開闢絲綢之路。但是，他們全年產生的交易量，還比不上薇婭坐在直播間裡，說一句「五四三二一，開拍」瞬間產生的交易量。

　　這要歸功於網路密度的提升和交易成本的下降。

　　現在有些年輕人愛玩「漢服秀」，其實他們的生活品質比任

何一位漢朝的皇帝都要高。儘管皇帝擁有天下的財富，卻無法像現代人那樣能夠如此便捷地滿足自己的多樣化需求。這也要歸功於網路密度的提升和交易成本的下降。

那麼，再往後呢？如果最後所有交易節點都兩兩相連，網路密度升到100%，並且資訊完全對稱、信用完全傳遞，交易成本降為0呢？

這個理論上存在的未來，我們稱之為「全連接型商業」。（見第三章圖3-7，115頁）

什麼叫「全連接型商業」？就是「連接一切網路節點，消滅一切交易成本」的商業文明。這句話用公式表示，就是：

網路密度＝100%

交易成本＝0

當然，就像我們理論上可以不斷逼近光速，但實際上永遠到達不了一樣，全連接型商業可能最終也只是商業世界的烏托邦，我們想像中的存在。

對於全連接型商業，我們不敢說「推測、分析、預測」，只敢說「想像」。在那個世界裡，商業是如何運轉的呢？

我與你分享三個「想像」。

第一，商人的最終歸宿，是不再需要商人。

商人之所以存在，就是因為兩個使命：

（1）四處奔波，連接所有網路節點；

（2）殫精竭慮，降低一切交易成本。

最終的最終，當網路密度達到100%，交易成本降為0時，這個想像中的商業世界，將是一個沒有「摩擦力」的烏托邦，商人的價值被自己消滅。

「網路密度=100%」，意味著這顆星球上所有的交易節點（人、物、公司，甚至國家），都被兩兩相連。因此，想要找到任何有價值的交易節點，不需要透過首尾相連的線段，也不需要透過更高級的超級節點。

考古學家在遺址裡發現一幅罕見古文字的壁畫，瞬間，全球僅存的懂得這種古文字的3個人，在各自的國家被連接在一起。

醫生搶救一個擁有罕見血型的病人，瞬間，這個城市裡擁有這種血型的5位市民，收到提供幫助的請求。

很多國家聯合研究人類如何在火星上生存，瞬間，地球上400多個學科，25萬名最頂尖的專家，被召集在一起。

在「網路密度=100%」的世界，一切皆可直連。

而「交易成本=0」，意味著任何兩個節點之間，資訊完全對稱，彼此完全信任，摩擦力為零。因此，你們之間誰也不會占誰便宜，最終「談判」這個商業行為，「撒謊」這個道德缺陷，將

成為歷史。

我的這批優酪乳，用了哪裡的奶牛，餵了什麼飼料，有沒有加激素，加了多少糖，工人的成本是多少，採購優酪乳的超市完全知道。我無法「撒謊」說我的牛奶是從澳洲進口的，超市也無法「撒謊」說還有另一家報價比我低很多。

兩家公司簽署合約，你想要什麼，他想要什麼，彼此非常清楚。攤在桌上算一算，怎麼合作，創造的總價值是最大的，然後一起分掉這個價值。「欲擒故縱」「隱藏的決策者」「紅臉黑臉」這些談判技巧完全不再需要。

這就是全連接型商業社會。

第二，商品的定倍率，無限接近於1。

我在得到App的課程《劉潤‧5分鐘商學院》裡，介紹過一個概念，叫定倍率。

定倍率＝（生產成本＋交易成本）/生產成本

比如，你在市場上買到一支300元的口紅。它的生產成本有很大機率不超過30元。那剩下的270元是什麼？交易成本。

這支口紅要透過線段型商業，從總代理到省代理，到市級經銷商，層層傳遞。這中間的摩擦力，必然產生高昂的「交易成本」。然後，這個市級經銷商要透過中心型商業，在一家大型

購物中心銷售。這中間的摩擦力，也是不得不存在的「交易成本」。

這些交易成本，包括搜尋成本、比較成本、測試成本、協商成本、付款成本、運輸成本、售後成本，加在一起270元。所以用戶最後花了300元（30元+270元）。

這個口紅的定倍率是10倍：

定倍率=（30元+270元）/30元=10（倍）

那麼，如果在「交易成本=0」的全連接型商業文明時代呢？

因為生產者可以直接把東西賣給消費者，並且沒有資訊不對稱和信用不傳遞，所以交易成本從270元降為0。

這時候，這支口紅的定倍率是1倍：

定倍率=（30元+0元）/30元=1（倍）

你可能會說，這不可能吧！總要運輸吧！總要庫存吧！

是的。運輸成本、庫存成本，依然是物理世界無法消滅的成本。但是，愈來愈多的科技，正在想辦法將其降低，比如3D列印。

在全連接型商業時代，作為消費者，你從生產者那裡直接下單買一支口紅。這時，這支口紅並不是從廠家快遞，透過1家快遞公司、2個中轉倉庫、3個工作人員送到你家的。這支口紅是在你們社區樓下的「萬能3D列印櫃」即時列印出來的。下單買口紅，

在下樓散步的時候，順便取走口紅。

第三，可以不斷接近，永遠無法達到。

當然，在口紅的案例中，還是有交易成本，比如3D列印櫃的運營成本。這就是為什麼說全連接型商業可以被不斷接近，但也許永遠無法達到。只是這個接近的程度，在不需要物流、倉儲的虛擬產品世界，比如電子書、遠端教育、影音娛樂，可能會更快地接近而已。

很久以前，我在微軟美國參加了一次全球技術支持團隊的管理層會議。當時，微軟全球有7,000多名技術支援工程師。這是一個兩天的會議，其中一場請了當時微軟全球副總裁李開復來做分享。

李開復當時在幫助微軟的技術支援團隊做基於人工智慧的技術支援軟體，他在會上分享了這個項目的進展。李開復說了一句話，把現場的管理團隊鎮住了。他說：

我在幫技術支援團隊做的事情，就是讓微軟不再需要技術支援團隊。

我可以感覺到坐在同一桌的幾位其他國家的高管很不滿的神態。這句話給我留下了很深的印象。也許他說得對，一個公司技術支援團隊最終的狀態，就是不需要技術支援團隊。商業文明最

終的狀態，也許就是因為「網路密度=100%，交易成本=0」，而不再需要商人。

但有趣的是，不斷推動商業文明走向這一天的，又恰恰是富有遠見、不斷進取的商人群體。他們也因為這樣奮不顧身地推動，獲得了巨大的回報。

我們將會如何一天一天地逼近這個理想中的，但可能永遠達不到的「全連接型商業文明」呢？

2 前進的路徑：
左腳，右腳，然後再左腳

我們如何一步一步走向「全連接型商業文明」？

很簡單，先邁出左腳，然後右腳，然後再左腳。什麼意思？

現在，我們需要回到一切的源頭，回到第一章「你的大米，老王的雞和張阿姨的布」的故事，來理解什麼叫「左腳，右腳，然後再左腳」。

你種了1,000斤大米，自己一年只能吃200斤，於是用剩餘的800斤大米換了10隻雞、3尺花布、2支羊腿、半缸菜籽油和其他不少東西。你覺得自己的小日子過得很好，覺得自己挺「富有」的。

那麼，請問：

你擁有的財富：10隻雞、3尺花布、2支羊腿和半缸菜籽油，是誰創造的？

是老王和張阿姨？因為雞是老王養的，布是張阿姨織的？不是。你要記住，這些財富，是你自己創造的，不是他們任何人。如果不是因為你日出而作、日落而息，不斷研究新的種植技術，你不可能從200斤的產能，提升到1,000斤的產能。這額外的800斤

大米的財富，是你自己創造的。

你的財富總量提升的本質原因，是你生產效率的提高，然後才是交易效率。你和老王、張阿姨的交易，只是把本來就屬於你的財富，透過交易，變換了形態。

所以，如何讓整個社會的財富總量，以及每個人的財富總量增加？如何一步一步走向「全連接型商業文明」？

先邁出左腳，提升生產效率；然後邁出右腳，提升交易效率；然後，再邁出左腳，提升生產效率；再邁出右腳，提升交易效率；然後，再邁出左腳……

如此迴圈，一路向前。

關於工業革命，有很多解釋，我很喜歡傑瑞米·里夫金（Jeremy Rifkin）的解釋。在他著名的暢銷書《第三次工業革命》（The Third Industrial Revolution）裡，他說，人類的三次工業革命的核心，都是能源利用方式和資訊交流方式的變更。

吳軍老師在其得到課程《科技史綱60講》裡提出：科技的進步，就是對能量的使用和對資訊的駕馭的進步。

他們的觀點，對我形成商業進化中生產效率和交易效率「左腳，右腳，然後再左腳」的交替進步觀，有不少啟發。

第一次工業革命：蒸汽時代

1760年到1840年的第一次工業革命，被稱為「蒸汽時代」。大家都知道，第一次工業革命的標誌性事件，是瓦特對蒸汽機的改良和應用。

蒸汽機用的是什麼能源？煤炭。蒸汽機的本質，是駕馭煤炭「這匹烈馬」的馬鞍。因為能夠駕馭煤炭這種遠超過人類靠吃喝獲得的化學能的新能量，人類的生產效率大大提高。

還記得在「吃喝化學能」時代，人類是怎麼紡紗的嗎？用吃下去的那點能量，操縱雙手，透過手搖紡車，把棉花紡成線。你說一天能紡幾卷線？

到了蒸汽時代，英國人發明了可以同時紡8卷線的珍妮紡紗機（Spinning Jenny），然後珍妮紡紗機被套在了蒸汽機（煤炭能源）這匹「烈馬」上。

想像一下，這時候一個女工每天可以紡多少卷棉線？這就是生產效率的提高。

這個生產效率的提高，本質上來自科技的進步。透過科技提高了能源的利用效率，從而提高生產效率。

左腳的生產效率提升之後，接下來就是右腳交易效率的提升了。

蒸汽機推動了火車的發展，火車和鐵路改進了物理世界的連

接效率；蒸汽機又改進了印刷術，印刷術改進了資訊世界的連接效率；後來，電報被發明了。

鐵路、印刷術和電報，推動了「連接的洋流」洶湧向前，整個商業社會的「網路密度」大大提升，交易成本下降，右腳「交易效率」往前邁了一大步。

再然後呢？

第二次工業革命：電氣時代

1840年到1950年，全球迎來了第二次工業革命。這次工業革命，被稱為「電氣時代」。

在這個時代，人們學會了駕馭另外兩個更加「野蠻」的能源：電和石油。

可怕的電，被鎖在一根包著塑膠的銅線裡，無處逃竄，只能為人所用。有了電，能源的生產和消費被區分開來，更多的工廠可以用這種無形但強大的能源從事生產，在今天幾乎看不到一家工廠不用電。全球的生產效率全面提高。

同時，另一種深藏在地底，在當時看來取之不盡用之不竭的能源——石油，被一種叫「內燃機」（ICE，Internal combustion engine）的技術駕馭了。套上內燃機這股韁繩的石油能源，在各行各業，像巨人一樣，做著人類「吃喝化學能」做不到的事情。

因為電和石油，全球的生產效率全面提高。

左腳這一步，震撼天地。

然後，就像套著蒸汽機的煤炭把火車送向遠方一樣，套著內燃機的石油把飛機送上了天，把汽車推向了四面八方。全球物理世界的連接效率突飛猛進。

基於電力，人們還發明了電話等電信技術。全球的「交易效率」，閃電似的快速提升。

右腳這一步，瞬間十萬里。

第三次工業革命：資訊時代

左腳，右腳，然後再左腳，生產效率和交易效率交替進步。然後呢？

然後就是第三次工業革命。

20世紀50年代，第二次世界大戰之後，第三次工業革命開始了。這次革命被稱為「資訊時代」。

傑瑞米·里夫金認為，就像第一次工業革命的煤炭，第二次工業革命的石油一樣，第三次工業革命的起點，是可再生能源。

在這一點上，我斗膽以為，也許被里夫金忽視的另外一種「能源」，才是第三次工業革命的第一推動力，那就是「計算資源」，或者說「算力」。

1946年，第一台現代電腦ENIAC誕生。這台電腦重30多噸，占地150平方米，每秒計算5,000次。每秒5,000次是什麼概念？今天我們手上一部iPhone的算力，是這部30噸龐然大物的幾十萬倍。

這50多年來，電腦的算力一直被開發，如同石油不斷被開採一樣。那麼真正駕馭算力的是什麼呢？是軟體。比如微軟的Windows、Office，Oracle的資料庫軟體，Kindgee的財務軟體，甚至包括騰訊的QQ（即時通信軟體）。

被軟體駕馭著的算力，不斷賦能各行各業，提升生產效率。有了電腦和軟體，銀行算帳更快了，超市結帳更快了，工廠排產更快了。一切生產的效率，都在以無法想像的速度提高。

這隻左腳，如神一樣降臨。

那右腳呢？當然是互聯網，是移動互聯網，是萬物互聯。

讀大學時，我想和一個考到美國的同學通個電話，十幾元一分鐘。當時，我一天吃飯的預算才5元，所以打電話的時候都是數著秒打的。57秒、58秒、59秒……「對不起，對不起，不能聊了。」啪，把電話掛了。晚一秒，就三天不用吃飯了。

現在呢？你想和你在美國的家人、朋友、合作夥伴或者客戶溝通，隨時隨地拿起手機，打開微信，立即螢幕，還完全免費。

交易效率的右腳，像另一個神一樣降臨。

這三次工業革命，把地球上大部分國家，透過全球化的方

式，接入到一張巨大的「交易網路」裡面，商業文明空前發達。每一次工業革命之後，商業世界的「網路密度」就會向100%的方向前進一步，「交易成本」就會向0的方向前進一步。

2019年中美貿易談判期間，有人說未來的世界可能會割裂為兩大陣營。但是如果你能看到商業文明左腳右腳堅定的進化步伐，看到「連接」這股浩浩蕩蕩的洋流不可逆轉的**趨勢**，就知道稍微往遠一點看，「割裂」就是不可能發生的。

談判的結果，幾乎一定是透過協商，降低交易成本，或遲或早，連接不可阻擋。

第四次工業革命：智能時代

會不會有第四次工業革命呢？如果有，第四次工業革命的左腳、右腳又是什麼呢？

第四次工業革命所依賴的「能源」，很可能是「大數據」。而駕馭大資料這種「21世紀的石油」的，很可能是人工智慧。

2017年，馬雲在一個公開演講上說：

未來30年，資料將取代石油，成最強大能源。

這不是馬雲第一次說了。為什麼？因為能源對商業的最大價值，是提高人類的「生產效率」。而未來提高人類生產效率的最大動力，是「大數據」。

舉個例子。

你一定知道美團，也一定見過穿黃色外衣的美團騎手（外送員）。但你可能不知道，美團騎手把電動車停在你們社區樓下時，會遇到一個你可能永遠都想不到的問題：

要不要把電瓶拎上樓？

為什麼要拎上樓？因為電動車的電瓶可以賣錢，所以常常被偷。拎上去吧，太費體力，而且會導致送餐效率下降；不拎吧，電瓶萬一被偷了，更麻煩。

怎麼辦？大數據。

美團有一個中央系統，叫「美團超腦」。這個「美團超腦」會不斷累積歷史「大數據」，判斷在哪裡送餐電瓶容易被偷，哪裡更加安全，然後提示外賣小哥：

這個地方需要辛苦您一下，拎下電瓶吧。

外賣的效率自然提高了。

是什麼提高了快遞小哥的「生產效率」？大數據。那是什麼在駕馭這個大資料呢？美團超腦。

這個人工智慧系統會根據各種大數據，比如每一單餐廳做好菜品的大概時間、最近騎手的位置、客戶的送餐位址等一系列參數，用0.55毫秒的時間，計算全域最優化路徑：既讓顧客等待時間最少，也讓騎手路程最短。

第四次工業革命的左腳，是「人工智慧駕馭的大數據」。

那提高「交易效率」的右腳呢？可能是「腦機互聯」。（見表6-1）

表6-1

	左腳：生產效率	右腳：交易效率
第一次工業革命：蒸氣時代	蒸汽機駕馭的煤炭	鐵路、輪船、電報
第二次工業革命：電氣時代	內燃機駕馭的石油	飛機、公路、電話
第三次工業革命：信息時代	軟體駕馭的算力	互聯網、移動互聯網、萬物互聯
第四次工業革命：智能時代	人工智能駕馭的大數據	腦機互聯

我們都知道「鋼鐵人」伊隆・馬斯克的特斯拉，你可能也知道他的SpaceX，但很多人不知道他的腦機互聯公司NeuraLink。

腦機互聯，就是將人腦和電腦互聯。換句話說，是將碳基世界和矽基世界連為一體。

人的細胞由碳組成，人腦是碳基世界；而晶片是由矽組成的，電腦是矽基世界。如果出現一種設備，就像人體的一個器官一樣，把化學能轉化為電能，把人體微弱的電信號翻譯成資訊，和電腦溝通，然後傳播出去，那麼這個世界會是什麼樣子呢？

我正在寫書，一邊寫一邊想：好像有點餓了。然後叮咚，有人敲門。打開門一看，物流機器人送來了麻辣小龍蝦！

天啊！太美好了，不敢想。

這樣的話，交易效率將會極大地提高。你是盼望呢，還是害怕呢？

到現在為止，我們回答了本書的四個問題。

第一，商業到底是什麼？

商業的本質，是交易。

「資訊不對稱、信用不傳遞」，是交易節點之間的沙子、巨石，甚至天塹。

為了克服「沙子、巨石，甚至天塹」所帶來的摩擦力和阻礙，我們必須付出「交易成本」。

交易成本包括：搜尋成本、比較成本、測試成本、協商成本、付款成本、運輸成本、售後成本。

商業進化，就是不斷跨越天塹，降低交易成本。

第二，商業為什麼能進步？

連接，是進化的動力。

鐵路、公路、貨櫃，這些物理連接，造成空間折疊；

電報、互聯網、萬物互聯，這些虛擬連接，造成時間坍縮。

　　第三，商業從哪裡來？

　　商業原始社會，小農經濟，線段型商業文明，中心型商業文明。

　　第四，商業到哪裡去？

　　去中心型商業文明，全連接型商業文明。

　　下一章，回答最後一個問題：我們如何順勢而為？

PART 7

我們如何順勢而為？

討論「商業到底是什麼，從哪裡來，到哪裡去」的目的，不是享受思辨的樂趣，而是在看清商業進化的方向後，沿著它順勢而為，並因此獲利。

如何才能順著商業進化的方向獲利，並且持續獲利？

一句話，不管在哪個商業文明時代，持續獲利的方法，都是：

用護城河，把時代降臨的「紅利」，守護為豐厚的「利潤」，避免只拿微薄的「工資」。

請注意，這句話裡有「紅利」、「利潤」和「工資」三種收入。

首先，我想和你探討一個你可能覺得簡單到「啊，這還用討論」的問題：

什麼才是真正的「利潤」？

1 什麼是真正的「利潤」？

　　你們家門口有一片沙灘，過去海水很髒，根本沒人來，你也從來不去。

　　但是最近幾年，大家愈來愈重視海洋環境治理。水愈來愈清，沙愈來愈白。漸漸地，夏天有愈來愈多的人來這片沙灘玩耍、游泳。

　　你媽媽提醒你，反正在家閒著也是閒著，要不你拖個冰箱去賣點冰鎮可樂。那些在大太陽下游泳的人，一定很想喝，說不定能賺點錢呢。你一想，有道理啊。於是真的在沙灘旁擺上冰箱，開始賣冰鎮可樂。

　　你從超市買的可樂，是3元一瓶。那賣多少錢呢？賣30元吧？那麼熱的天，30元一定有人買。果然，30元一瓶的冰可樂，雖然聽上去很貴，但是依然有很多人買。你賺了好多錢，欣喜若狂。

　　現在請問，這3元成本和30元售價之間的27元差價，是你的「利潤」嗎？

　　當然是啊！按照會計公式：

利潤=收入-成本

這27元當然是利潤！

沒錯。在會計上，這27元確實可以被叫作「會計利潤」（嚴格意義上，還要扣除冰箱的固定成本分攤，以及你的勞務成本）。

但是在商業上，這27元不是利潤。那它是什麼？紅利。

紅利：紅利，就是短暫的供需失衡

為什麼是紅利？紅利是什麼？

紅利，就是短暫的供需失衡。

阿里巴巴說，讓天下沒有難做的生意。可是，天下真的可能沒有難做的生意嗎？

在淘寶成立的早期，之所以有很多人都賺到了錢，是因為「中心型商業文明」突然之間噴發，大量買家在淘寶上噴湧而出，可是很少有賣家意識到這一點。

賣家（供）少，買家（需）多，這就是供需失衡。供小於求，生意當然好做。但是，這種供需失衡可以持續嗎？

當然不行。因為這種供需失衡是短暫的。

後來大量賣家意識到：這個長得像騙子的人，原來不是騙子啊！他們大量湧向互聯網。買家雖然也在增加，但賣家增長的速度更快。很快，供需關係就重新達成了平衡，甚至出現了「僧多

「粥少」的局面。這時候，短暫的供需失衡就消失了。

供需重歸平衡後，對沒有核心競爭力的企業，線上的生意和線下的生意一樣難做。而對於有核心競爭力的企業，線下的生意和線上一樣好做。

回到這瓶可樂。你覺得，你能把一瓶3元的可樂賣到30元，是因為你的可樂與眾不同，還是因為供需失衡？

顯然是因為供需失衡，而且是「短暫的供需失衡」。

時代像擲骰子一樣，把一筆小小的「紅利」砸在你的頭上。不要得意，不要忘乎所以，不要覺得這是因為自己有多了不起。這筆本不屬於你的「紅利」砸中你，純屬運氣。

你可能想不到的是，你最好的朋友狗蛋，正在和他媽媽一起計畫著打破這種平衡。你最好的朋友會把你的紅利搶走，只給你留下「工資」。

工資：你以為是在創業其實是在為這個社會打工

什麼叫「工資」？

狗蛋的媽媽說，你朋友小虎多有出息，擺個冰箱賣可樂，每天都賺那麼多錢。你學學他，也去擺個冰箱吧。狗蛋聽媽媽的話，也買了個冰箱，進了一些可樂，在沙灘上賣起了冰鎮可樂。

賣多少錢呢？小虎已經賣30元一瓶好幾天了，我是新來的，

20元才能賣得出去吧？於是，狗蛋在牌子上寫：20元一瓶。果然，遊客蜂擁而至。

你看到這一幕，簡直氣炸了。這不是「惡性競爭」嗎？狗蛋說了一句從互聯網上學來的話：

這個世界上從來沒有「惡性競爭」，對用戶有利的競爭，就是好的競爭。

你想，誰怕誰！你能便宜，我就不能嗎？於是，你把價格降到了10元。狗蛋感受到了商業的殘酷，把價格降到了5元。然後，你降到了3.3元。再然後，狗蛋也降到了3.3元。再然後，誰也不降了。你們倆咬牙切齒地維護著3元成本到3.3元售價之間0.3元的穩定利潤。（見表7-1）

你發現沒有，一旦交易結構裡出現競爭，供需就會在競爭中逐漸恢復平衡，最後「紅利」消失。

那為什麼最後的價格是3.3元，而不是3元呢？

因為如果再便宜下去，你和狗蛋都會覺得不划算，這麼辛苦就賺這點錢，還不如去送個外賣呢。不幹了，不幹了。但如果你們真的都不幹了，因為缺乏競爭，冰可樂價格又會上漲。最後，漲漲跌跌，你們能賺的錢，穩定在了「社會平均利潤率」上。

社會平均利潤率是多少呢？假設是10%。3元的10%，就是0.3元。你想提高，怎麼也高不上去；你不幹了，立刻有人接替你。

表7-1

	你（小虎）	他（狗蛋）
成本	3 元	3 元
第一輪	30 元	20 元
第二輪	10 元	20 元
第三輪	10 元	5 元
第四輪	3.3 元	5 元
第五輪	3.3 元	3.3 元
第六輪	3.3 元	3.3 元
穩定利潤	0.3 元	0.3 元

這像極了拿著「底薪」的打工者。

說一句很扎心的話，這時候：

你以為你是在創業，其實你是在為這個社會打工。

這0.3元，就是你以創業的姿態為社會打工而獲得的「工資」。

這個工資一般有多少呢？不多不少。多了會被競爭打下來，少了就沒人幹了。這就是絕大多數創業者的生存狀態：長也長不大，死也死不了。

那就只能這樣了嗎？我們只能順著商業進步的紅利，被紅利

砸一下就死嗎？

當然不是。我們繼續看可樂的故事。接下來發生的故事，由真實事件改編。

利潤：利潤，來自沒有競爭

柱子他媽也注意到了這場好朋友之間的殘酷競爭。她對柱子說：「這裡面有機會，你也去試試。」柱子說：「不能吧，這都3.3元了。這不是紅海，是血海啊。進去就是死。」

柱子他媽說：「我注意到一件事。這些遊客買了小虎和狗蛋的冰可樂之後，一下子喝不完，喝剩下的放在滾燙的沙子上面，就下海游泳去了。再上來的時候，可樂已經沒法喝了。」

柱子說：「還真是。那怎麼辦呢？」

柱子媽說：「我設計了一個杯托，一頭尖尖地插在沙子裡，一頭總能保持一個水準托盤的形狀。沒喝完的可樂放在這個托盤上，一時半會就不會被沙子加熱到燙手了。」

柱子一聽，這是親娘啊，馬上就要去做。柱子他媽說：「別急，先去申請一個專利。」

很快，柱子開始在沙灘上賣杯托，1元成本，賣10元一個，一下子就賣瘋了。小虎和狗蛋看到後，眼睛都紅了，趕快找到柱子，說：「杯托怎麼做的，我們也想做了賣。」

柱子說：「不行啊，這個杯托是申請了專利的，本沙灘只有我可以賣。你看，那邊游泳的是我們這裡的專利員警。你們要是也做，會被罰款的。」

小虎和狗蛋咬碎了牙往肚子裡咽，繼續去掙那一瓶可樂0.3元的「工資」，而柱子卻可以繼續掙他9元的利潤了。

什麼是利潤？

利潤，來自沒有競爭。

只有在競爭少的地方，才有利潤；愈接近於沒有競爭的地方，利潤愈高。

　　商業的進化，不論是左腳邁下去（生產效率的進步），還是右腳邁下去（交易效率的進步），都會引起商業世界的震盪，改變交易結構，出現不少「短暫的供需失衡」。這時候，有些人會因為有戰略眼光，而有些人只是純粹因為運氣好，成為「供需失衡」中的「供」方，被「紅利」砸中。

　　這其中，純粹因為運氣好而被砸中的人，有90%以上。而這些運氣好的人中，有90%會誤以為是因為自己有戰略眼光。所以，當你一不小心被風口吹上了天，先不要想我怎麼這麼厲害，而是要想我怎麼下來。

　　最近兩年，我參加了很多行業論壇，比如跨境電商。我和很多跨境電商的創業者、平臺方、支付機構跟蹤交流，非常明顯地感覺到這個行業的微妙變化。

　　最開始，這個行業是典型的「紅利期」。中心型商業文明，從全國級中心走向全球級中心，交易效率的右腳重重邁下去，紅利飛揚。

　　有什麼紅利？

　　中國廠家想把商品賣給美國消費者，本來是要透過中國採購商、國際貿易商和海外商超賣家等「線段型商業」的。但同時，「中心型商業」的跨境電商，讓一個美國消

費者可以直接從中國廠家（或者賣家）買東西了。

外貿行業的交易結構發生巨大變化，交易成本斷崖式下降。跨境電商與傳統外貿相遇，表現出「結構性優勢」。這時候，一群80後、90後小朋友，被這巨大的紅利砸中，甚至被砸暈。很多公司剛成立一兩年，就年收入7億～8億元，甚至十幾億元。他們中有不少人認為這是自己努力的必然結果，舉辦大型的論壇彼此歡慶。

我受邀參加這些論壇，並做主題演講。我說：

「千萬不要把賺的錢拿回家，要用來提升管理效率；千萬不要什麼產品好賣就賣什麼，要投資品牌價值。」

一段時間之後，我再去參加這些論壇，明顯感覺到，與會者身上的壓力大了很多。

為什麼？因為在過去，這些跨境電商創業者的競爭對手是傳統外貿。這種結構性優勢，讓整個行業享有紅利。隨後，投身到跨境電商的人愈來愈多。這些跨境電商創業者的競爭對手，是其他跨境電商創業者。

他們彼此之間是沒有結構性優勢的。這時，他們只能比管理效率和品牌價值。那些沒有積累這方面優勢的創業者，很快就把紅利還給了市場，開始賺微薄的「吃也吃不飽，死也死不掉」的「工資」。而透過提升管理效率和

品牌價值，把對手擋在外面的創業公司，可以始終保持增長，成為真正的公司。

紅利，工資，利潤。

紅利終將消失。不管你抱住了左腳還是右腳，你最終必將從賺取紅利的道路上，左轉賺工資，或者右轉賺利潤。

那麼，這中間真正的轉捩點在哪裡呢？在於：

你有沒有及時地挖「護城河」。

2 如何「右轉」賺取利潤？

從線段型商業，到中心型商業，再到去中心型商業，每次商業進化的腳步落下，都會震碎傳統的交易結構，釋放巨大的紅利。

紅利，來自短暫的供需失衡。

在短暫的供需失衡之後，還有工資和利潤兩種收入。我們追求的是利潤，那麼如何持續賺取利潤呢？我的解決方案是：挖護城河。（見圖7-1）

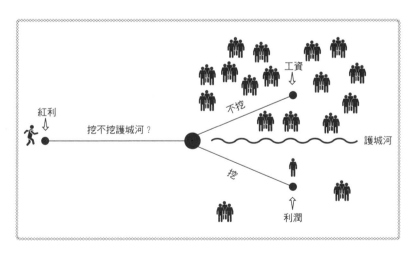

圖7-1

什麼是護城河？

護城河，就是你透過各種方式獲取的易守難攻的戰略優勢。

很多人也把護城河叫作「壁壘」。

如果你去尋找投資，和投資人眉飛色舞地講完自己改變世界的夢想後，投資人很有可能皺著眉頭問你一個問題：

你的壁壘是什麼？

很多創業者一愣，說：是我們的創新能力。

不對。

是我們堅持不懈的毅力。

也不對。

是對市場敏銳的把握。

都不對。

這些都是進攻城池的雲梯、弓弩、投石器。壁壘，是不被這些武器攻破的城牆。只懂進攻，不懂防守，就是只有矛，沒有盾。你攻破城牆後，下一個人會用同樣的「雲梯、弓弩、投石器」，再把你攻破。

在商業世界，順勢而為的正確姿勢，必須有至少兩步：

1. 順應商業進化的方向，抓住「紅利」；

2. 儘早就地開挖護城河，守住「利潤」。

那商業世界的護城河，或者說壁壘，到底有哪些呢？

巴菲特把護城河總結為四類。我在四類之下，幫你提煉了八條。

第一類：無形資產，包括許可和品牌；

第二類：成本優勢，包括規模和管理；

第三類：網路效應，包括使用者和生態；

第四類：遷移成本，包括習慣和資產。

第一類護城河：無形資產

無形資產護城河，主要有兩種：許可和品牌。

許可

許可這種無形資產，包括行政許可和專利許可。

在商業世界，「市場」真的是有效的嗎？大部分情況下是。但有個前提：允許自由競爭。

上一節我們說過，真正的利潤，來自沒有競爭。

那怎麼才能獲得利潤？一種顯而易見的辦法就是，進入不允許自由競爭的市場。這個市場，被一條叫作「許可」的護城河守衛著。

什麼是許可？許可，就是我能做，但你不能做的事情。

在不少國家，最賺錢的企業很多都是銀行。那你可以開銀行嗎？對不起，不行。因為開銀行，需要准入許可。這份准入許可，就是銀行的護城河。有了這條護城河的保護，你只能看著銀行們在城堡裡賺錢。

不能開，你還說，那不是白說嗎。

不是白說。因為雖然你已經大概拿不到開銀行的「許可」，但在商業進化道路上，傳統的交易結構不斷被震碎，總有一些新的價值被明顯低估的「許可」震出來。

這，就是你的機會。

前面提到過成立於17世紀的荷蘭東印度公司。大老遠從荷蘭跑到東印度群島開發市場，這風險太大了。誰願意幹誰幹吧，反正我不幹。

在大部分人都不看好時，荷蘭東印度公司向政府申請去開發殖民地，但是遠赴重洋那麼艱苦，政府得給一個獨家經營的「許可」吧。

持有這個「許可」，荷蘭東印度公司多年開發之後，成為世界上最富有的私人公司，擁有超過150艘商船、40艘戰艦、5萬名員工和1萬名雇傭兵。

為什麼？因為它看到了英國和東印度群島之間建立「連接」帶來的交易結構巨變，然後用極其有遠見的眼光，拿到了價值被

低估的「許可」。

今天的商業社會，也有大量的價值被低估的「許可」。

有一種商業模式，叫作BOT（Build-Operate-Transfer）。有些政府和企業想上一個項目，比如修橋造路，可是錢不夠，怎麼辦？

這時，有些企業會和這些機構說，我出錢幫你建，橋的所有權歸你，這就是「Build」；但是你給我10年的獨家運營權，我用過路費來收回投資，這就是「Operate」；10年後，我把橋的運營權轉回給你，這就是「Transfer」。

Build-Operate-Transfer，BOT的本質，就是一種「許可」。至於這份行政許可是否被低估，就看你的眼光了。

類似這種行政許可，還有很多商業特許經營的例子，比如某個海外產品在中國的代理權，某個中國產品在陝西的經營權，以及各種認證、資質等，都是為了把對手排除在利潤區外，減小競爭。

行政許可，有時是你無論如何都得不到的。但是，專利許可可以。

中國有一家公司因為擁有10萬多項專利而取得巨大成功：華為。

大家都知道，華為的5G技術（第五代移動通信技術）領先於

世界。這是國人的驕傲。但是，華為是什麼時候開始研發5G技術的呢？2009年。而在那個時候，網路上還有人在討論3G有沒有用，3G是不是騙子。今天，華為擁有的5G核心技術專利達1,600多項，全球排名第一。

在3G時代，幾乎每一部手機都要給高通公司交3%~5%的專利費，俗稱「高通稅」。而到了5G時代，全球與5G相關的公司都要向華為交錢了。

這就是專利許可賦予華為的「護城河」。你恨得牙癢癢，也繞不過我的護城河。想過河，請交錢。

品牌

你說，我的行業沒什麼技術含量，怎麼挖「無形資產」的護城河呢？

那你可以堅持不懈地挖一條深深的叫作「品牌」的護城河。品牌的價值體現在三個層次上，分別是「瞭解」、「信任」和「偏好」。

「瞭解」，就是知名度，這需要用錢來挖。

寶僑（P&G）一年投入幾十億美元，沒日沒夜地打廣告。這麼多錢投下去，有什麼效果？

效果就是，你去買洗髮精：

如果你頭皮屑多的話，你會買什麼？*海倫仙度絲*。

如果你想讓頭髮柔順一些，買什麼？*飛柔*。

如果你想讓染的髮不掉色，買什麼？*沙宣*。

如果你想滋養頭皮呢？*潘婷*。

如果你想買純天然的洗髮精呢？*伊卡璐*。

這都是誰告訴你的？寶僑。

「信任」，就是美譽度，這需要用時間來挖。

品牌，就是你遞給消費者的一把刀：我要是對不起你，你就拿這把刀捅「死」我。

誰都有可能犯錯，只不過犯了錯，要認「慫」（膽小）、認錯、認賠。這樣消費者就不會動刀子捅你，假以時日，他們就會真的信任你。

這就是為什麼同仁堂有那句古訓：

炮製雖繁必不敢省人工，品味雖貴必不敢減物力。

「偏好」，就是忠誠度，這需要用感情來挖。

請問，你更喜歡吳亦凡，還是蔡徐坤？這個問題，就算打起來，雙方的粉絲最終也是誰都說服不了誰。這就是偏好，是長時間活動建立的感情使然。這種基於偏好的品牌價值，最終會讓你就算有點不如別人，粉絲也會捍衛你，而不是拋棄你。

很多創業者喜歡說，我的產品和某某大牌一模一樣，還比它

們便宜，它們賺了不該賺的錢。

大品牌是不是應該比同品質的創業者多賺錢呢？

答案很扎心：當然應該。

為什麼？因為大品牌用長時間建立的品牌信任，降低了消費者在無數小品牌之間的「比較成本」等交易成本。消費者買大品牌的產品，成本更低，風險更小。而買你的產品，可能就是一次冒險之旅。

這就是品牌的護城河。所以記住：大品牌就該多賺錢。你要做的不是羨慕嫉妒恨，而是拿起鐵鍬，默默地深挖這條護城河。

第二類護城河：成本優勢

許可和品牌，是你「無法看見」的護城河。從線段型商業，到中心型商業，再到去中心型商業，一旦抓住商業進化帶來的機遇，你要立刻開挖「被低估的許可、被信任的品牌」這兩條護城河，把紅利變成利潤。

如果我們的行業確實是「完全自由競爭」，沒有准入許可呢？我們也是個新創立的弱勢品牌，來不及瞬間強大呢？

那你可以試試挖一條叫作「成本優勢」的護城河。這條護城河很不好挖，不過一旦挖好，就固若金湯。成本優勢護城河，包括兩種形態：規模和管理。

規模

商業中，有個非常基本的「成本公式」：

成本＝（固定成本/銷售規模）＋變動成本

現在，我要挖「成本優勢」的護城河，降低成本，怎麼挖？

根據公式，有三種挖法：

1. 降低固定成本（比如降低生產線的投入）；

2. 降低變動成本（比如降低原料採購價格）；

3. 提升銷售規模。

小米的選擇：提升銷售規模。

2019年6月，在《劉潤‧商業洞察力30講》的畢業酒會上，我邀請了小米的聯合創始人劉德來做分享。劉德講了他們產品的案例。

假如做一個智慧手環的固定成本是1,000萬元（包括設計費、開模具、投入生產線），變動成本是60元（包括晶片、電池、包裝等）。你怎麼定價？

這和銷售規模有關係。

小米說，我至少賣1,000萬個。那麼1,000萬元的固定成本，攤薄在1,000萬個手環上，只有1元。加上60元的變動成本，賣61元就不虧。

但是，小米真的能賣1,000萬個嗎？賭賭吧，誰怕誰。

現在，你是一個創業者，你也來做智慧手環了。你覺得你能賣多少個？

我估計賣不到1,000萬個吧。先說10萬個？

好。1,000萬元的固定成本，攤薄在10萬個手環上，每個要100元，加上60元的變動成本，你要賣160元，才不虧。

小米的61元，對你的160元，你覺得誰更有競爭優勢？

這個規模，就是小米的「成本優勢」護城河。

那我也可以賭啊。你試試看，你未必敢。

再比如我在得到App上的課程《劉潤‧5分鐘商學院》賣199元。為什麼是這個價格？

要保證《5分鐘商學院》的輸出品質，每一個5分鐘，我都需要投入5~7個小時的時間。一年300多節課，是巨大的時間成本投入。

我算了一筆帳，以我的時間單價來算，我大概投入了800萬元來做這門課程。定價199元，我必須賣出8萬份，和平臺對半分後，才能收回成本投入。

到現在為止，這門課的銷售規模遠超過8萬份。

這個世界，有沒有商業講得比我好的老師呢？肯定有。只不過，當這樣的輸出品質和規模的課程，已經被定價在199元了，

如果他的時間成本也和我一樣的話，那他就需要做出一個判斷：有沒有信心賣出8萬份？

因為只要賣不到8萬份，他就必須明知虧損，也要硬著頭皮做完全年的課程。這要冒非常大的風險。

199元之下的8萬份，是我對「規模」下的注重，挖的護城河。

如果你確實覺得自己看準了商業進化的方向，就可以用「一把全壓」的方式直接上規模，把競爭對手嚇退在護城河之外。

管理

有一句話我想分享給所有讀者：管理是永遠的護城河。

每一家公司的創立，都是一個嬰兒來到世間；而每一位創業者，都是它們那未經培訓的父母。沒有做過經理，從來沒有認真學過管理，就開始做老闆。他們要嘛把公司照書養，要嘛把公司當豬養。

創業者們最喜歡討論的，都是戰略問題。比如我們進軍哪個市場？我們用什麼策略誘敵深入、一網打盡？

創業者們最喜歡關注的，都是產品問題。這個包裝的材質不夠好，這個按鈕的顏色不夠高級，這個流程的設計不夠流暢。

創業者們最煩心的，都是管理問題。比如：

過去3個團隊能做的事情，現在能不能一個團隊做？

過去15天做完的事，現在能不能3天做完？

7個步驟，能不能併成6個步驟？

這筆錢能不能不花，或者少花25%？

這些都是管理。

戰略是恢宏的決策，管理是每日的功課。因為默默無聞，所以總被人忽視。

黃鐵鷹老師寫過一本書《海底撈你學不會》，人人都知道海底撈服務好，但就是學不會。

客戶想要把剩下的西瓜打包，服務生就給他打包一個西瓜，你也給客戶一個西瓜。排隊等位子時，海底撈幫客戶免費美甲，你也幫客戶免費美甲。客戶在店門口看人吵架，海底撈端個小凳子給客戶，讓他站得高看得遠，說：「我們已經有店員去打聽怎麼回事了，一會兒回來向您彙報。」你也在店裡買了很多小板凳。

但是，你的生意就是不如海底撈，怎麼都學不會。

所以黃鐵鷹老師說「海底撈你學不會」。而今天，我要告訴你，海底撈的服務，你為什麼學不會。

因為海底撈有一條護城河。這條護城河，不是那些「人類已經無法理解的服務」，而是讓員工不斷創造這些服務的管理機

制。

比如，海底撈是如何發工資的？

海底撈的薪酬制度中，有一項現代化公司難以想像的、極度奇葩的安排：把一部分工資，發給員工的父母。

什麼意思？

具體來說，海底撈會根據員工的業績，把一部分獎金（200元、400元，或者600元），以「父母補貼」的形式，直接寄給這位員工在老家的父母。

你想想，如果你是這位員工的父母，每月收到海底撈發的「父母補貼」，你是什麼感覺？

你肯定更經常和街坊鄰居串門了：

我們家孩子的公司啊，又給我寄錢了。真是。說了不要寄不要寄，他們偏要寄。這孩子也真爭氣，加入效益這麼好的一家公司。來來來，這頓飯我請。

萬一這個月績效不好，只收到200元呢？立刻打電話過去了：

孩子，這個月我怎麼只收到200元啊？是不是你沒有好好幹活啊？你要努力啊！不要偷懶啊！

海底撈不用鞭策員工，員工的父母會幫它鞭策。你說，海底撈，你是不是學不會？

比如，海底撈是怎麼給店長分紅的？

店長可以在一家店面分紅。但是分紅方案，有兩個選擇。

A. 獲得其店面利潤的2.8%。

B. 獲得其店面利潤0.4%的乾股分紅。雖然少，但是該店長還可以獲得其徒子店面3.1%的分紅，獲得徒孫店面1.5%的分紅。

如果你是店長，怎麼選？

只要一個徒弟開了家新店，你至少能拿3.5%（0.4%+3.1%）的分紅，比自己幹好多了。

海底撈不用鼓勵收徒。店長會主動教徒弟，並鼓勵他出去開店。你說，海底撈，你是不是學不會？

你能做到，別人做不到，你就在成本上擁有優勢。管理所帶來的成本降低，永遠都是一條深深的護城河。

第三類護城河：網路效應

許可，就是我能做，但你不能做的事情；品牌，就是用戶的瞭解、信任和偏好。

無形資產，是你無法看見的護城河。

規模，就是用銷量，攤薄了固定成本；管理，就是用機制，提升了運營效率。

成本優勢，是你學不會的護城河。

可是，我沒有無形資產，也不懂降低成本怎麼辦呢？

那你可以試試「網路效應」護城河。這條護城河就厲害了，它是有生命的。一旦挖成功，就會自我生長，愈來愈強大。

它通常有兩種形態：用戶和生態。

用戶

「請問，你可以用中國移動的手機，向聯通的朋友發短信嗎？」

「啊？可以啊，當然可以。難道不可以嗎？」

是的，確實可以。很多人把短信互通，當成「這還用問」的理所當然。但是，很多人並不知道，移動和聯通之間的短信互通，從2002年5月份才正式開始。

2002年之前，我想買個手機號碼，加入一家運營商。請問我會怎麼選？

不能互發短信，當然選我朋友們都加入的那個運營商啊，這樣才又方便又便宜。移動用戶多，那我加入移動。你加入移動後，你的朋友呢？因為你的加入，就更會加入移動。

這就是「用戶」這條護城河的神奇之處：用戶愈多，就用戶更多。

2002年5月，中國出個政策，要求移動、聯通必須互發短信，

刺穿這個「網路效應」。

你猜然後怎樣？移動把向聯通發的短信，定價為0.15元一條；而發給「自己人」，定價為0.1元。吸引你留在護城河內，做「自己人」。

記者問：「為什麼發給聯通的貴？」答：「跨網成本高。」

真的是跨網成本高嗎？聯通把向移動發的短信，定為0.1元一條。同樣跨網，聯通就便宜。為什麼？移動用戶，你們都到我的護城河裡來吧。

小靈通一看，趕緊把短信定為8分錢一條。來吧，都來吧，我的護城河更舒服。

後來，所有運營商之間的短信，統一為0.1元。自此之後，消費者不用再去考慮身邊人用的什麼網路，而只關心各自的服務等級。

運營商之間的這場「諸神之戰」，本質上是搶挖「用戶」這條護城河之戰。

那我沒有運營商那麼大呢？是不是也能挖這條「用戶愈多，就用戶更多」的護城河呢？

如果你是一個旅行機構，可以不僅考慮經營目的地資源、旅行體驗，更要同時經營同行者之間的深厚感情。用戶們一旦從陌生走向熟悉，產生彼此依賴的網路效應，下一次一個人「說走就

走」，其他人就會「You jump, I jump」（你跳我就跳）。

其實，微信也是一樣。微信現在有超過11億用戶。用戶數量形成了巨大的護城河。阿里巴巴的來往、網易的易信、羅永浩[18]的錘子短信做得再好，都無法攻破「使用者數量」這個網路效應的護城河。

如果想擊穿微信的網路效應，其實只需要做一件事：

強制要求微信、支付寶、來往等，互相可以加好友。

這時，你裝微信還是支付寶，只會是因為哪個好用，而不是哪邊的朋友多了。

生態

你有沒有用過世紀佳緣或者百合網？

當世紀佳緣上的男生女生都不多時，一個男生上來搜索有沒有合適的結婚物件，沒有搜到，覺得網站沒什麼價值，就走了。一個女生上來一搜，也沒搜到，她也走了。他們倆都走了，這個平臺的價值就下降了。其他人上來搜，發現更沒價值了，也不來了。

你發現沒有，這個時候男生和女生的數量，彼此刺激著，愈少就愈少。

---

18 錘子科技創始人。

假設不知道為什麼，有一天，世紀佳緣上的用戶突然多得不得了。這時候，一個男生上來一搜，哇，這麼多條件匹配的女生啊。於是他會留下來和幾個女生聊一聊。一個女生上來一搜，也發現匹配的這麼多，於是也會留下來，和幾個男生聊一聊。

平臺的總價值，因為他們倆的留下，愈來愈大。其他人上來搜，就更願意留下來了。

你發現沒有，這個時候男生和女生的數量，彼此刺激著，愈多就愈多。

「愈少就愈少，愈多就愈多」，這中間一定存在一個臨界點。過了這個點之後，用戶就會自我增加，易守難攻，形成護城河。

這就是男女雙方彼此刺激形成的「生態」，又叫「雙邊網路效應」或「多邊網路效應」。

這種生態，是很多企業最重要的護城河。比如說微軟的開發者和用戶之間，淘寶的買家和賣家之間，蘋果的App和手機用戶之間，小米的萬物互聯設備和海量使用者之間。一旦生態建立起來，用戶就很難逃離這個生態，這就相當於挖出了一條深深的護城河。

使用者，是單邊網路效應；生態，是多邊網路效應。

從線段型商業，到中心型商業，再到去中心型商業，我們到

底應該如何深挖網路效應的護城河，把時代砸到頭上的紅利，變成利潤呢？

堅持深挖，直到挖到一個特殊的位置：臨界點。因為一旦挖到了臨界點，用戶和生態就會像擁有生命一樣，自我成長。而你，就能拿走桌面上所有籌碼，贏家通吃。

挖網路效應這條護城河，真正的勝利不是發生在終點，而是發生在臨界點。

怎樣才能首先挖到「臨界點」？借助「資本」這只鐵鍬，給遊戲加速。

怎麼加速？

首先，你要把產品做得足夠好；但這遠遠不夠，你還要把產品免費；免費還不夠，你就要靠補貼；補貼還不夠，你就要比別人補貼得更快。

大量的資本，推動著創業者向「臨界點」一路狂挖。百分之一的創業者，率先挖到臨界點，獲得「網路效應」降臨帶來的最終勝利。而賭對的資本，也將獲得百倍的財富。

那沒賭對的資本呢？

別為他們擔心。資本玩的，其實是一個機率遊戲。他們下注的，遠遠不止這一個項目。他們可能下注了100個項目。

這些項目中，只要有1個率先挖到了臨界點，就能獲得百倍的

成功，足夠收回其他99個項目的損失。如果因為眼光好，投中了2個或者3個，那就可以賺得盆滿缽滿了。

這是一枚在空中翻滾的、令人驚心動魄的硬幣。硬幣的一面，是九死一生的創業；另一面，是千金一賭的資本。

第四類護城河：遷移成本

前面的三類六種護城河，是防止競爭對手進來，而第四類遷移成本護城河，則是防止用戶出去。

遷移成本的護城河，包括兩種：習慣和資產。

習慣

什麼叫「習慣」？為什麼「習慣」也是護城河？

我是一個南京人，1999年才去的上海。

南京有一句俗話，沒有一隻鴨子能游過長江。

為什麼？

因為都被南京人吃掉了。板鴨、鹽水鴨、鴨油燒餅、鴨血粉絲湯，無數種讓鴨子聞風喪膽的吃法。

身為南京人，我從小就特別喜歡吃鴨血粉絲湯。到上海之後，發現上海也有很多鴨血粉絲湯店，最著名的就是妯娌。我第一次看到這個店時，雖沒有淚流滿面，但也像見到親人一般，迫

不及待地嘗了嘗。

但是……這也太難吃了。

上海人民真是生活在「水深火熱」之中啊。等我騰出手來，一定開一家鴨血粉絲湯店，拯救上海人民。

直到有一天，我去廣州一家著名的投資機構天圖資本講課。講課前，我和天圖資本的總經理馮衛東一起吃飯。邊吃邊聊，聊到他們投資的公司，馮衛東說他們投了妯娌。

什麼？你們居然投了妯娌？這也太沒眼光了吧。這個妯娌怎麼能吃啊，原來是你們投的，這個太難吃了。真正好的鴨血粉絲湯在南京，比如，這家叫某某的，那家叫某某的，等等等等，這些才是真正好吃的鴨血粉絲湯。

馮衛東說，你說的這家是不是在這條街？那家是不是在那個巷子？

對啊。

其實你說的這些家，我們都去過了，最後我們還是選擇投資妯娌。

為什麼呀？

他說，你認為的正宗和好吃，可能並不是因為它好吃，只因為你從小吃習慣了。南京人民覺得那種鴨血粉絲湯好吃，而全國人民可能並不喜歡。

　　那一刻，我突然有種被打了一拳的感覺。

　　我是一個典型的中國胃，特別不愛吃西餐。我最愛吃的東西，是火鍋、燒烤、小龍蝦。這也是我的「習慣」，這把「習慣鎖」，把我牢牢地鎖在了自己的口味之內，無法邁向全球美食的廣闊天地。

　　我們都會被一些習慣「鎖」在某個禁閉的城池裡，如果你的產品有個「習慣框」，那就是一條用戶很難逃離的護城河。

　　舉個例子，很多人用蘋果手機。聽說華為、小米也不錯，就忍不住試試。上手之後，發現完全沒法用，這個按鈕在哪裡，那個功能在哪裡，怎麼都找不到。

　　比如，蘋果手機開鎖的方式，是使用者非常習慣的滑動，而華為和小米的開鎖方式都不是。為什麼？因為蘋果為這種「滑動解鎖」的方式申請了專利，然後用這個專利把用戶鎖在「習慣框」裡。

　　最後，不少用戶只好放棄華為和小米，回到蘋果陣營。回到被蘋果的「習慣鎖」禁閉的城池的那一刻，用戶反而神清氣爽，對城池裡的其他人說：

　　「你還別說，手機還真就是蘋果好用。」

　　同樣，用慣華為、小米的人，也很難「習慣」蘋果。這兩大陣營的用戶都認為自己用的是最好的，但他們不過都是被「習慣

框」鎖在了各自的護城河裡而已。

資產

前面我們說到中國移動和中國聯通，在不能互相發短信時，用戶更多的中國移動，就有了一條「擁有生命，愈生長愈大」的網路效應護城河。

這條護城河，在2002年5月，隨著互發短信變為可能，而被刺破。

那麼，中國移動和中國聯通之間，這場「深挖護城河」的戰爭，就此結束了嗎？

當然沒有。

2019年11月27日，中國工信部正式宣布運營商必須在全國範圍提供「攜號轉網」服務。

什麼叫「攜號轉網」？就是說，你可以從中國移動的用戶，變成中國聯通或者中國電信的用戶，而手機號碼不變。

其實早在10年前，工信部就一直要求三大運營商攜號轉網。大家磨磨蹭蹭，不斷試點，但就是遲遲不在全國實施。

現在終於在全國實施了，但去營業廳辦理過攜號轉網的人表示，簡直太難了。

你會發現，總有一些套餐讓你無法轉網。即使沒有阻止轉網

的套餐，你也會發現，你購買的靚號合約期讓你無法轉網。

如果沒有靚號，也沒有套餐，堅決要轉呢？就讓你去很遠的營業廳辦理轉網。

為什麼「攜號轉網」這麼難？

因為手機號碼是用戶的核心資產，它是防止用戶逃離的極其重要的護城河。

我的手機號碼用了18年，通訊錄裡有5,700多位連絡人，我已經沒有辦法逐個通知這5,700多人說我換號了。

另外，我的手機號碼還註冊了各種App，甚至我都忘了註冊過哪些App。如果不能攜號轉網，這些App就都登錄不了。而原來的手機號碼一旦分配給了別人，他甚至有可能用驗證碼的方式，登錄我的帳號。

手機號碼，對用戶來說已經是無法拋棄的重大資產，你用的時間愈長，愈不能換。

只要運營商掌握著用戶手機號碼這種核心資產，用戶的遷移成本就會非常高。現在你應該知道，為什麼攜號轉網非常難了。因為那就是一把鎖，把你鎖在它的護城河之內的「資產鎖」。

那如何利用「資產」護城河，防止用戶流失向競爭對手呢？

使用者的個性化資料，可以是這把資產鎖。

投資公司，可以根據使用者的個性化資料，提供更有針對性

的投資方案；酒店，可以在用戶入住前，提前準備好他喜歡的報紙和水果；社交App，可以免費把使用者的聊天記錄存在雲端。

利潤，來源於沒有競爭。

如何才能實現沒有競爭？在賺到紅利後，要迅速挖你的護城河，保護你的「地盤」不會被競爭對手侵入，也保護你的用戶不會遷移出去。

每一位創業者，都應牢記這八種護城河：

第一類：無形資產，包括許可和品牌；

第二類：成本優勢，包括規模和管理；

第三類：網路效應，包括使用者和生態；

第四類：遷移成本，包括習慣和資產。

3 譜寫你的商業未來史

你能看到什麼樣的歷史，你就能看到什麼樣的未來。

如果你認為人類歷史是一部王侯將相史，權力鬥爭、朝代更迭，那你就會用軍事力量的對峙和國家力量的均衡視角，預測未來。

如果你認為人類歷史是一部科技進步史，科學探索、發明創造，那你就會用科技想要什麼，我們能做什麼的視角，預測未來。

如果你認為人類歷史是一部基因進化史，物競天擇、適者生存，那你就會用多巴胺、內啡肽、催產素對人的控制機制，預測未來。

如果你認為進化的動力是「連接」，商業的本質是「交易」，那你就會用「交易+連接」這副洞察力眼鏡，透視商業進化的方向。

商業進化的方向，就是從「交易成本=∞，網路密度=0」，不斷邁向「交易成本=0，網路密度=100%」的方向。

在本書中，我們分別回答了5個問題。

（一）商業到底是什麼？

三句話：

（1）商業的本質，是「交易」；

（2）資訊不對稱和信用不傳遞，讓交易過程遭遇「阻力」；

（3）所謂商業進步，就是用愈來愈低的「交易成本」，克服阻力。

（二）商業為什麼能進步？

連接，是進化的動力。

鐵路、公路、貨櫃，這些物理連接，造成空間折疊；電報、互聯網、萬物互聯，這些虛擬連接，造成時間坍縮。

因為空間折疊、時間坍縮，兩個原來被時空隔絕的交易節點，站在彼此面前，跨越時間握手，交易變得「瞬間唾手可得」。

（三）商業從哪裡來？

商業從「交易成本=∞，網路密度=0」的原始商業社會，順著小農經濟、中心型商業社會，一路走來。

每一次商業的進化，都是交易結構的巨變。

用創新的辦法，戰勝「資訊不對稱」和「信用不傳遞」這兩

條惡龍，降低交易成本的創業者，都獲得了劃時代的成功。

（四）商業到哪裡去？

商業繼續經由去中心型商業，向著「交易成本=0，網路密度=100%」的全連接型商業，絕塵而去。

所有理所當然的現在，都是曾經看起來不可能的未來。所有現在看起來不可想像的未來，可能都是明天理所當然的現在。

未來已來，只是尚未流行。

（五）我們如何順勢而為？

不要把外部的紅利，當成內部的競爭力。想順著商業進化的方向，順勢而為，獲得屬於自己劃時代的成功，至少需要兩個步驟：

（1）順應商業進化的方向，抓住「紅利」；

（2）儘早就地開挖護城河，守住「利潤」。

無形資產、成本優勢、網路效應、遷移成本，這些護城河，你必須至少擁有其中一種。

先發優勢不是護城河，先發優勢只是給了你挖護城河的時間，讓你有機會把紅利變為利潤，而不是工資。

現在，我想從整個世界，回到你的身上。

研究一切別人的歷史，都是為了創造「你的未來史」。每個人在商業進化的道路上，都有四種可能的未來，四種「未來史」的大片預告，你選哪一種？

第一種，「勞動者」的未來史。（見圖7-2）

勞動者，生活在一個成熟的商業世界裡，一個結構固化的交易網路裡。至少他們認為是這樣。勞動者看不到在悄悄推動商業進化的連接的力量，看不到網路密度的不斷提升，更不相信交易成本會降低。

他們勉強找到一個生態位，然後苦苦支撐。他們在打工，他們在創業。即使在創業，其實也只是在為這個社會打工而已。

勞動者，沒有抓住商業進化的紅利，也沒有儘早挖出護城河，他們只能賺取微薄的社會工資。他們活也活不好，死也死不掉。因為穩定的結構，是沒有巨大的新機會的。

你願意選擇「勞動者」，作為「你的未來史」的劇本嗎？

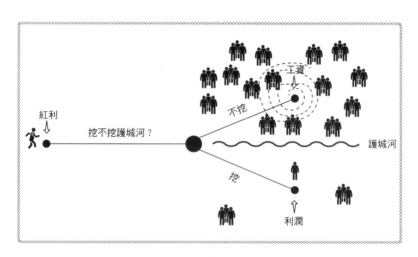

圖7-2

第二種,「中獎者」的未來史。(見圖7-3)

中獎者很幸運。

首先,他生活在了一個交易結構突然巨變,導致短暫供需失衡的商業時代。一個個新的、高價值的生態位,因為這些失衡,被創造出來,然後砸向密佈的交易節點。

有些交易節點,因為有「連接+交易」的洞察力眼鏡,看到了這些生態位,主動迎上前去,因此收穫了巨大的紅利。有些僅僅是因為運氣好,閉著眼睛也被紅利砸中。

祝賀他們中獎了。他們是中獎者。

但是,他們要嘛把外部的紅利當成內部的能力,要嘛認為紅

利雨會一直下下去，因而沒有去挖護城河。

　　與紅利相伴相生的競爭緊跟而來，短暫的供需失衡迅速消失。中獎者揮霍完自己的運氣，只能賺工資。他們不服氣，跑向他們認為的下一個紅利，但總是失望而歸。

　　中獎者，把靠運氣賺來的錢，憑實力賠光。

　　你願意選擇「中獎者」，作為「你的未來史」的劇本嗎？

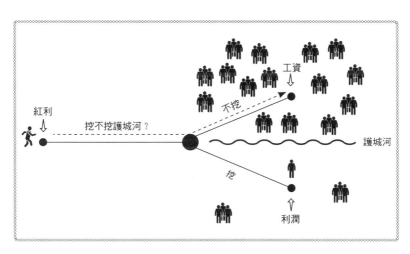

圖7-3

第三種，「套利者」的未來史。（見圖7-4）

　　這個世界上有一種人，是天生的獵人，永遠不可能做農夫。生命給了他獵槍，但沒有給他鋤頭。他只會到處狩獵紅利，但絕不會在地裡耕種利潤。

他們就是套利者。

套利者，永遠都在追逐紅利，從一個風口趕到下一個風口。有時候，他們會因為巨大的「紅利」，吃得飽到無法動彈；有時候，他們會因為很久沒有找到「機會」，而餓好幾天。

套利者雖然有非常敏銳的聽覺和嗅覺，經常能感知機會的方向，但他們沒有城池，沒有土地，他們是商業世界裡永遠的狩獵民族。

他們總是在問：最近哪個行業好做啊？

3D列印火的時候，他們在做3D列印；互聯網金融火的時候，他們在做互聯網金融；社交電商火的時候，他們在做社交電商。

不去挖護城河，永遠沒有沉澱，一輩子疲於奔命。

你願意選擇「套利者」，作為「你的未來史」的劇本嗎？

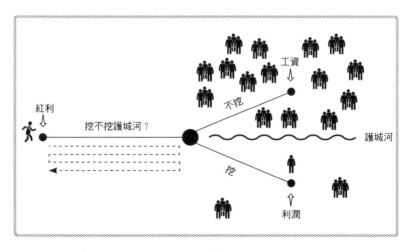

圖7-4

第四種，「取勢者」的未來史。（見圖7-5）

取勢者，會主動戴上「連接＋交易」的洞察力眼鏡，不斷透視「連接」方向，尋找提升「交易」效率的工具。因為他們知道，那就是紅利雨降落的方向。

一旦看到紅利，他們會利用短暫的供需失衡，占領一個新的高價值的生態位，但不會得意忘形。他們不會把紅利拿回家，而是用它們來深挖護城河，把競爭對手擋在外面，把用戶留在裡面，從而獲得真正的利潤。

取勢者懂得：真正的利潤，開始於沒有競爭。

然後，取勢者會一邊享受著源源不斷的利潤，一邊繼續戴上「連接＋交易」的洞察力眼鏡，順著商業進化的方向，尋找新的紅利，創造第二曲線、第三曲線。

取勢者，永遠不會把自己放在時代的對立面。

你願意選擇「取勢者」，作為「你的未來史」的劇本嗎？

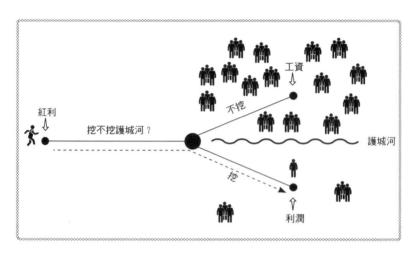

圖7-5

　　我們非常幸運，沒有生在商業原始社會。那時太荒蠻，網路密度=0，交易成本=∞，萬物不可交易，黑茫茫一片。那時的我們，不需要商業。

　　我們非常幸運，沒有生在全連接型商業文明時代。那時太科幻，網路密度=100%，交易成本=0，萬物瞬間交易，看都看不清。那時的商業，不需要我們。

　　我們生在氣勢恢宏的中心型商業文明，和如漫天繁星般的去中心型商業文明的交替時代。在這個交替的時代，舊的交易結構正在斷裂，新的交易結構正在形成，到處都是「短暫的供需失衡」。

這樣的時代，才是一個需要創業者的時代，一個需要企業家的時代。

在這個精采紛呈的時代，絕大部分都是勤奮的勞動者在默默耕耘，你也會聽到中獎者欣喜若狂的叫聲，看到套利者此起彼伏的身影。

但是，商業世界的未來史，最終是由取勢者譜寫。

祝願你能在商業那個註定輝煌的未來，選好你的劇本，書寫「你的未來史」。

DH00409

商業簡史：
看透商業進化，比別人先看到未來

作　　者—劉潤
主　　編—林潔欣
企劃主任—王綾翊
美術設計—江儀玲
排　　版—游淑萍

總 編 輯—梁芳春
董 事 長—趙政岷
出 版 者—時報文化出版企業股份有限公司
　　　　　108019 臺北市和平西路 3 段 240 號 3 樓
　　　　　發行專線—（02）2306-6842
　　　　　讀者服務專線—0800-231-705・（02）2304-7103
　　　　　讀者服務傳真—（02）2306-6842
　　　　　郵撥—19344724　時報文化出版公司
　　　　　信箱—10899 臺北華江橋郵局第 99 信箱
時報悅讀網—http://www.readingtimes.com.tw
法律顧問—理律法律事務所　陳長文律師、李念祖律師
印　　刷—勁達印刷有限公司
一版一刷—2023 年 2 月 24 日
一版六刷—2024 年 5 月 2 日
定　　價—新臺幣 380 元
（缺頁或破損的書，請寄回更換）

時報文化出版公司成立於一九七五年，
並於一九九九年股票上櫃公開發行，於二〇〇八年脫離中時集團非屬旺中，
以「尊重智慧與創意的文化事業」為信念。

商業簡史：看透商業進化，比別人先看到
未來 / 劉潤著 . -- 一版. -- 臺北市：時報文
化出版企業股份有限公司, 2023.02
　　面；公分. -
　ISBN　978-626-353-417-9（平裝）
　1.CST: 商業史　2.CST: 世界史

490.9　　　　　　　　　　111022471

ISBN　978-626-353-417-9
Printed in Taiwan